Puzzle #1

EASY

			6	4	8			
1	4					7		6
5			7					2
		6		9			7	8
3			1			2	6	
9	8		3		6		1	
		1	9	7	2		5	
		5		6		9		
	9		4	5	3		8	7

[illegible]2

				9	1	7	6	
6			5	4				2
2		9	8			5		1
9		2			3		1	
	8			2				6
			9	6		2		
1				8	2			7
	3	4						
	2	6	3	1	9	4	5	8

Puzzle #3

EASY

7		8	4			3	6	5
				5		4		
2	4		3		8		1	
	5	7	2		6	1		
						9	5	2
4				3	9	6		7
	3	4	7	2		8		1
		2						4
		9	8		3			

Puzzle #4

EASY

5		3			6	8		
2	4			9		3		6
	8							5
	6	2		1	5	4	3	
1				3	9	6	2	
		4		8	2		5	
	5	9	8	4	1		6	3
		8					1	
					7			4

Puzzle #5
EASY

						7		
4	7	3	1	2	8	6		
8		6						4
7	1			8				6
	4	2			1		3	5
9		8	5		4			2
5					6		4	7
			2	9		5		1
	6	7		3			2	8

Puzzle #6
EASY

6	1	9	5	3		4		8
	7		2					3
2			8			7	9	
			8		2	3		5
			3	1	6			
3	8	7	9		5			
		2					6	
9			4			5	8	7
7			6			2		4

Puzzle #7
EASY

		1	4	2	3			
			9			7		
9	2	4	8		5	1	3	
	5	2	7					3
3	8		1	5			7	
	7		3	8	6		1	
				1			9	7
		8		9	7	3		
5			6				2	

Puzzle #8
EASY

7	2	9		5	4	3		
				9		7		5
4								
		2	9		5	4		
1				2		6	3	9
	6	4		8			2	
	4		5					3
	3	1		7			5	4
5	9	8						1

Puzzle #9
EASY

	6		2	3		9		
9		2					1	3
				1	6	8	4	2
		5	1	2			7	
2	8		7	4	9			
			5		8	3		9
	7	8	6				3	1
3				5			8	
							9	

Puzzle #10
EASY

	6	9	5		7		8	
	7			6		1		
2				1			6	
	4	5				2	3	8
8	2			5				9
7				8			4	5
6		1		3		9		
	8			1		3		
			6	4		8	5	

Puzzle #11
EASY

					8			
5	8		1		7	6	9	
7	6		3		5		1	8
4	5		2					
2		8		7	6		5	
	1			3		7	8	2
	9					5	6	
3	4						2	7
		2						9

Puzzle #12
EASY

7	2					1	8	
3	6		7	2		4	9	5
1					4			7
	7				3		5	8
	3			4	5			2
8			1				3	4
9	8			1		5	6	3
		6	3		7			9
				6		2		

Puzzle #13
EASY

	7	3	9		5	6	8	1
	9		4		7			5
	2				8			
7		1				8	9	
				6				
5	6	2	7	8			4	
3	8				1	9		
2		6		9		7		4
		7				3	5	

Puzzle #14
EASY

8			1	6	3	7		
		3	5		9			8
6	9				4		5	2
2		9	3	5	1			6
			6	8			3	5
	6			4			8	
	2		4					
1						8		
5	3		7	1		6		9

Puzzle #15
EASY

	7	6		1				
								4
8		1	7	4	6			3
			4	6	9	7		1
6	1		8	9		5	3	
		5		2				
1	4		3					5
9			2	8		1		
	2	7	4				9	8

Puzzle #16
EASY

5		7	4			1		
	4						5	2
	8	9				3		
		3				9	2	5
8	9	1	5		2	3		
		4			6	7	1	
			2	6			7	
6	7	5		3	1	2	4	
				9	6			3

Puzzle #17
EASY

	3	6	4		2			9
	7		6	1	5	8		
			3	7		1	2	
7				3				1
3	6	2		9				5
		4		2	7		9	3
			2			3		
	2							
	5	3	7	4	1	9		

Puzzle #18
EASY

7	9			1	5	2	6	
6	1					5	3	
4			6	3	2			
1	6	4		7	3		8	5
	2	7					1	
8			1		6			
		1		6		8	7	2
5			3					
2			8			1		

Puzzle #19
EASY

	9				4		8	1
7		8	1		6		3	
	4	3	2		5			
4		6	9	5			7	
5	1	9					2	
8			6			9		5
3	7				8		9	
9					3	6	5	
			7		9			8

Puzzle #20
EASY

7		2		8			4	3
3								8
9						7	5	
			9	5	8	3		
1		7		3	6	4		5
5	8							6
8	7	5	3			6	1	
2			8	6	4		3	
	3	4		1	7		2	

Puzzle #21
EASY

	4	7	5				2	
9			2	6			4	5
		1		4		6	3	
1			3	2	9		8	
	8	3			6			1
4		2						3
		6	7			9		2
		9	1	8	5	4		
	7							

Puzzle #22
EASY

	6		8	3			5	4
3			4	9		8	2	
2	4			1		9		
	8					2	7	
5	7			8			1	
1	3	2	5	7			8	
		3		2		5		
		1	6					
		2	7			3	4	1

Puzzle #23
EASY

3					8	6	5	1
		9		5	1			
			7					
7	3		4					5
				8		3	6	
	5			3	2	9		4
9		1		7		2		6
2	7			6			8	
	6		2			5	4	

Puzzle #24
EASY

1	4				9	6	2	
	5	2		3				
8			5			1	7	
	7	1	9			8		
	6			5	3	7	8	1
		8				5		
6		7	4	8		3		
			6	9	5		1	7
	2		3	1			6	

Puzzle #25
EASY

3	8	1	5			7		
	4				9	8		6
	2	6	8	7				4
1			7	9		2	6	
								7
		4	1	2		5		
6				1	7	4	8	3
		9	4	5		6		
4					2	9		

Puzzle #26
EASY

9					5	6	2	
	7		6	2		8		3
2		1			9			
7	4	6						
1				6			4	
8		3						5
	8	2	3	7			1	9
3	9			1	8	2		
5	1			2				

Puzzle #27
EASY

7	2			1				
1		4		3		2	8	9
				5			7	
4			2			6	9	
		9		7	4	3		5
	3	7	9		6			
		1	8		2			
5		2		9			3	4
3	8		5		7			

Puzzle #28
EASY

7	6			8			9	
			2			4		
5	4		1	3				6
	2		3	9	4			7
4	5		7	6		3	1	
		7	1	2		6	4	9
8	3			5			7	
2	1					9		
			6					1

Puzzle #29
EASY

			8			4		3
8		3					7	
2	4			6		9		1
	1		7				2	4
		4			5	8		7
					2			
		2	9			5	1	
7	6	8	5	1			4	9
1			2	8			3	6

Puzzle #30
EASY

7		5	6	4				
9	3		7				6	8
			2	3				7
3	2	7	5		6			
6				9		2		
4			8	3				
								6
1		4	2	9		3		5
	7	8	3	6	4	1		

Puzzle #31
EASY

	5	7			2			6
			7	5		4		
4	2		8	6				
	4			2		5	1	
					1			9
	9		6		3		7	4
	3				8	7	2	
2		6	1				9	
	1	5	2	9		6	8	

Puzzle #32
EASY

				2		8	4	9
		4					3	
	5		4				1	
7		8				1		2
	2		6	8				
5	6		1				8	4
4	7			1		3		8
2	3		8	5	7			1
9					3	6		

Puzzle #33
EASY

		2			9	1		
	1	5			8		6	3
6			1			8		4
	3					6	1	2
					2			
2	9	7		1				5
7	4	8		3		5	2	1
3	2	6		7		9		
				8	4		7	

Puzzle #34
EASY

2		1			7		4	
8			5	3		2		6
	9	3		2	4	7		
	8		1	4		6	2	
		6	9		2			4
			6			9	8	
7						5		2
9			7	8			1	3
	2			6			7	

Puzzle #35
EASY

8			7		2			1
1	2	7	6			8	3	4
		5			1			7
4	1		2	7		6		9
			9	8	4			5
			1			7	8	
5	8		4		6	2		
	3							
2	7	1				5		

Puzzle #36
EASY

2				6				4
4					7	2		
	1	8	3	4		5		
		4				9		2
	2		5	9		8	7	
			2		8	4	6	
		3	4			1	2	
		2		8	3		4	9
9	4		6		1			

Puzzle #37
EASY

		9			7	1		
		8	2					6
1	7	3	4	6	9			
4		7	5		8			
	9			2	4		5	
2	3		1		6	4	8	7
7	6	4			5	2	1	
							7	5
		2		7				3

Puzzle #38
EASY

2			1	5		8	7	
	4							3
	5			4			9	
	1	6	9				5	
				1	8			7
9	3		7		5		4	
6			4					
5		4			2	1		9
1		2	5	3			8	6

Puzzle #39
EASY

	7		6	3		8	9	
		8	9			7		2
		4		8	1	6	5	
3	2	9	8					
		5		2			6	8
			7	5	2			9
8			5				4	
1		7	4	9				
9					7	5		

Puzzle #40
EASY

	1		3			5		
6	3	9	2	5		4		8
		8					9	
		1	8				2	
2	7	4		3				
	5		1	2	9	7		6
		6		7	2			
1	4		9	8		6		7
	9							4

Puzzle #41
EASY

3	9				8		1	7
	2			9	7			3
			1	5	3		6	9
5	4	9	8					1
	7		9		1			5
			7				3	
9				1		3	7	
6			5		9			8
		7		8	2			

Puzzle #42
EASY

			7	2			6	8
	6				4		2	
			1					
6	9		3		2	8	5	
2		8				9		7
5	7	4	8			6	3	2
		6			9	1	4	
	2		5		7	3		6
								9

Puzzle #43
EASY

1	8		9	6		7	2	
7						3		5
6			4	7	5		1	
				2				9
3	6	7			4	1		
	9	2	3		8			
	7	1	6		9			
9		8						1
	3		8			2	9	

Puzzle #44
EASY

			7			9		8
4					8	6		3
8			1	4	9	5	7	
1			4	6		2	5	9
		6			5	7	8	
	5	2	8	9		3		
	2			8				6
			5		3	8		7
		1					9	5

Puzzle #45
EASY

3	6	1	4		8		7	
8	4			5				
9			3					4
2					6			
	8	9		4		6		3
	5			2	9	4		1
		2		7		5	3	8
	7	6					4	2
			5			9		

Puzzle #46
EASY

1				4	7	5		
7	4				8		6	
9	8		1			7		
4	5	1		2	3	6		8
		3	9		5		4	
	9				1	3		2
			8					
	2	4		1			7	3
3	1		6			4	9	

Puzzle #47
EASY

	3		4			5		9
9		5	8		6	1		2
4			1	5				3
			2		8	9		5
				6		4		
8		1	3	4		6	2	7
				2	3		8	
6	8	3			4			
		7				3	9	

Puzzle #48
EASY

		8				3		4
	2	3			1	5	8	
		1		5	8			7
4		5		8	2			1
			7		5		9	2
9					3	8		5
	6		1			7		
3	5				4		6	9
		9			7			3

Puzzle #49
EASY

5		7			1	2	8	
			5	2	9	7		
2		1		7				5
8	5					1		7
			8	6		5	2	4
7	4	6	1					
3		4				6		1
6	8				4			3
			3			8	4	

Puzzle #50
EASY

6		8	2				5	1
				1				4
			7	6	3	2	8	
1	8	4	3			7		6
	9		6			5		
	6				9			2
5	1				2			7
2	3							8
			9			6	1	5

Puzzle #51
EASY

	1		7		4	3	6	
2	5	3	1	9				7
6		7		3				
	8		2	7				
3		2				5		8
		9	6		3			4
	2				1		8	
1		6	3	4	8			5
			5	2				1

Puzzle #52
EASY

			8	9	3			
				2				
	9		6			4	7	8
	5	8					3	6
						2	1	4
		1	9	3		8		
	1			6	9		5	3
3	8	6			1	7		
	4	9	3	7	8	1	6	2

Puzzle #53
EASY

	6					4		
				3		6	8	
			8		1			
			3		6			
9	4				5	8	3	2
1		8		2		7	5	
4		2	1	7	9		6	
	9		5	3		2		4
3		7					9	1

Puzzle #54
EASY

	4		8				6	7
	6	9	2		3			
		1	4					3
	9		7	3	8	5	2	
	5							9
3	8				4			
2			6	4	9	3	1	8
	1	4	3		2			
						6		2

Puzzle #55
EASY

		6		4				
2			5	1			7	
5			7	8	9			4
3	9	8		6		4	2	
			3		5	1		
	2	5	4		9			
	5		8	3			9	2
	7				2	8		
8		2			7			

Puzzle #56
EASY

9	7	8	6		3		4	
5			4			3	9	
			5			2		7
8	1	4		3				
2	6		7					
7		5	2	8				9
3	9						5	1
		2		4			8	3
4		1			7			6

Puzzle #57
EASY

8	1	6			5	4		2
9			6			1	5	
5		3	8	1	4		6	
1					9			4
	3			8		5		7
2			4					
	4		7			2	1	
7			2		3		4	5
6						8		

Puzzle #58
EASY

2		8		6		3	4	9
	9		4					8
6		4	5	8	9		7	
	6	5			4	8		1
		7	2	1		5		3
9		2						
	4		6	9				
1				4	3	9		
		9				1	4	

Puzzle #59
EASY

	8							
5		9	8			6	4	2
		1		9	3	8	7	
	4	5	7			9	6	3
						5		4
	6		4			7	1	
			2	7				6
6	7		3					9
2		3	9	6	4		8	

Puzzle #60
EASY

1	9	6		7	3			
			8		4		6	
	8				6		5	
	1		4	8		5	7	
				5		3		2
7		2	3	9			8	4
	6			4	8		9	
	7	1				8	2	
9				5			3	6

Puzzle #61
EASY

	9				4			1
	1	5	6		9	3		4
		2		3		8	9	6
		3		5	2			
		7				6		9
	8							
7		8	1	4		9		3
1	6				7	4	2	5
		4		9	6	7		

Puzzle #62
EASY

6	5	3					7	
				6			2	
7					3	1		
1		8			5	3	9	6
2	6							
4			6	9	1		8	7
		4						2
	2	6	7	8			3	
	1	7	9		2		4	8

Puzzle #63
EASY

2	9				5			
	6	5	2					
3			7			2	5	9
		3	8	7	2			
		4	5	9			7	
5	7			3	4		9	
1				2	3	4		
	3	6			8		2	
					7	5	8	

Puzzle #64
EASY

	4		2			1		
1	6							2
2	7		5	3			9	4
8			3	5			7	1
4				8			6	3
			1	4	9	5		
7	8							
	3		8	2		7	4	6
			1	4			8	9

Puzzle #65
EASY

	9		8	2				
	8		6	9			2	7
6		4	5	7		9	1	
	5				2	1		
			1	3		4		
					5	2		6
8		6			9			
	1	2	4	8	6	5	3	
		5						2

Puzzle #66
EASY

8	6		4			5		2
	1							
	4			5		8	9	6
		4		2		7	8	
2	8		5					
5		1		7	8	3		4
		9			5	6		8
4				3	6			
1							3	9

Puzzle #67
EASY

	7	5	2	9		1		
				6		2		
1		2		5	7			9
4	1						3	
5	9	8		3			4	
		7	1	4	8			6
		1	4			3	9	8
3				8			2	
	2		7	6				

Puzzle #68
EASY

3				8	5	7		6
				7		1	4	
5	1			6	4			
		1	8	5	2	6	9	4
	5	8		9	6			7
9		4					8	
1				4	9			
	8	2					6	
			3	2				1

Puzzle #77
EASY

				8	9			
						4	8	6
5	4				1			
	5	4	2	1	6		7	8
		6		4	5		2	
		1	8	3		5		
		2	6		4		1	9
1	8		7					2
4		9				7	5	

Puzzle #78
EASY

		2						
8	4		3		2		6	1
1			4			2	7	
		5	7		6	8	1	
			9	3	8		4	5
		6		5		7		
5				8	1	3		2
	6	9		4			8	
			2	7	9	4		

Puzzle #79
EASY

		3					9	
6	4	1	7					
	9	5	6	3		1		2
		9	1					6
1	8			9		3		7
3	2			5	7	9		
							3	9
	3				8	4		
	1	8	3		2		6	

Puzzle #80
EASY

					1		6	
1						5	9	2
7	6	8				3	4	
5			3		4		7	
		4	2			9		
9	2	6	7	5		4		
					9		2	
	5	2				7		9
			8	7	2	6	3	5

Puzzle #81
EASY

	1	7			3	4		
9		5				6		
6	2		8					7
7	8					3		6
1	5	6				8		
3	9	4	6					5
4		8		9	5		2	
					1		6	
	7			4		9	8	

Puzzle #82
EASY

		7	2		6	1	9	3
		1			3	4		
2	3	4	9					
			4			7		
	5	6		9		8	1	2
		9			2	5	3	
7		5		3				
	6			8			5	
3		8		2	1	9		

Puzzle #83
EASY

	3	5	1				7	
		8	5	7			3	9
			9			5		1
6			4	9				
		9			7	1		5
3				1		6		
7		2		5	1		8	3
			7	8	3	4		
8	1					5		

Puzzle #84
EASY

1			3	2		8		
	2	9		1				5
5	3		4	8	9	6		2
9		1			4	5	2	
6	4		2	5	8	1		9
		2				3		8
		8	5	9			6	3
			1				8	
			8					

Puzzle #85
EASY

	5		7	4				
9	4	2	6		3	7	8	
								9
	8	6	5		4		7	
3		7	1		8			4
4			3			8	9	2
	7				2		3	8
6	3	9						
	2		9		7		1	6

Puzzle #86
EASY

					7			9
3			6	8				
			4	9			3	1
5	1	8			4			6
	4			9	6		1	
			1	2			4	
8		1	4		3		6	
		7		1		3		8
	9	3	5			8		

Puzzle #87
EASY

2	1	8		9				
	4				1	8		2
	9	6			5	3		1
4				8			3	9
	3		4		2			
5		1	6					7
	7		2		6	9		5
		9		1	3		7	
6							1	

Puzzle #88
EASY

8				2			5	6
	6			9	3			
3		7	8		5	9		
4		3				6		9
		6		5	4	1		
1			6	3	7		2	
6	3					7		
5		1					6	
	8			7		5	3	4

Puzzle #89
EASY

2	8			3				6
		3		7			5	
	9	5			4		2	
		6	1			8		
	7	9			8	6		3
4			6	9	7		1	2
			8	9				4
			4	5		2		
		4		1				5

Puzzle #90
EASY

		9	2	4		3	6	
4					3		9	
3	6	5	1	7			8	
2		7	6					3
	8		4		2	5		9
5	3	4					1	
9				8	6			4
1	7					9	2	
			9	2		6		

Puzzle #91
EASY

			5			1		7
	5	6	7					
2	1	7			4	9		
			6				1	3
1	9	3				5		6
4	6	8		3		7		
9				1	3	6		8
		1	8				5	4
6	8			2			9	

Puzzle #92
EASY

4					6		7	3
		2	1			8		4
	7		4	3				
7	9	5	6	2		3	1	
8		1					4	
	4	6			8	7		5
	2	4			3	9		7
			9	7			8	
						6		2

Puzzle #93
EASY

	2		9			6		7
7	6					3		5
8			1	6				
9	3		6	7				
	8		5		9		6	4
	4		8	1	2	5		
5	7					2		
2			7				5	3
	9	6		8			7	

Puzzle #94
EASY

3	6	9		5	8			4
	8			3		9		
		2						
1					5		2	
5				1	4	3	7	
	7	4			6	1		5
9	4					5	3	
	5	1	4	9			8	
		8			1	2		

Puzzle #95
EASY

4	6	3		2				
	9	8		4	1			2
1				8		9		
			7	6	4			3
6		2	1	9		7		5
		1				6		
3				1			6	7
			5	7	9			8
	7	4	2					

Puzzle #96
EASY

5	3	2						
	1			2	9	5		
6		9	5			1	2	8
2				6	5	3		7
	9				2			5
		6	3	9		2	4	1
						8	1	
3		4		1		7		9
			7	3			6	

Puzzle #97
EASY

		3	5				1	2
2	8		3	9				
				8	1		9	3
	3							
		6			4	3	7	
1			7		3	6		8
	1		6	5	2		8	9
5		2		7				
4					9		5	

Puzzle #98
EASY

		7		6	2		5	1
6	3			1			8	
			9	4	8			3
2		3			4		1	
	6		5		3	2		8
	4		6				9	
7	5				6			9
1	2			3		5	7	
			1	5		8		

Puzzle #99
EASY

	5	4	3		9		7	
			2	7	5			
				6	4			
5	9	1		3	6	2	8	
6		8			1	3		
			8			6		5
			4	9				
7		3	1					9
	8	2	6	5	7		3	

Puzzle #100
EASY

5								1
	9		5			3		7
	3	1	6		8	9		
7	5	3	9	4	1		8	
	8	6	2		3		7	
9			7		6		4	
3		5			2		1	8
8	6				5		9	
					7			5

Puzzle #1
MEDIUM

4	7		3	6	2	9	1	5
		5	7				8	3
3				9				
1		4	9	2				7
								8
7	5						4	6
								9
		6	2		9	3		
				1	8		2	

Puzzle #2
MEDIUM

8		5						2
	4	6			8	9	3	7
7	2	9	1			4		
							5	
5	8			7	2	1		4
		1			6	7		
			8			3	9	6
3			6		5		4	
							7	

Puzzle #3
MEDIUM

	7		2			6	4	5
		5	6	4		9		7
			5	1				
			3			8		4
4				7		2	3	
3		8	4		6			
		6			3		9	
9	3		8					
			4			1	8	

Puzzle #4
MEDIUM

5	1	3						
	4	7	3	6		8		
								2
3			9					
		5	7		1		9	
	7	9		3	4			5
	2		4	5	8	3		
						5	4	
			1	7	3	9		6

Puzzle #5
MEDIUM

				9			1	6
	4		1			6	2	
	7			2	9			5
	8	2	6					1
6	1		8				9	
	9	4						3
3			4	2	8			
						6		9
8	5				1	3		

Puzzle #6
MEDIUM

	2		6			9	7	
4					7			8
8				5	2		3	4
		8			6	1		5
1					9	4		
				7	5			3
	4		7		3	8		
	3			9			4	
7		6		4		3		

Puzzle #7
MEDIUM

						5		4
		1	7	3			2	
2	7	6	4				3	
9	1			2			4	
			1		6			
		3					1	8
	6	5	2				8	3
3				4			6	
		4	8			1		9

Puzzle #8
MEDIUM

		3				4	1	5
	2			1			9	
1								7
		9		7		6		
	8			6	5			
	7				4	1	2	9
4	9			5	6	3		
	1			9	8			
8				1				4

Puzzle #9
MEDIUM

	3			7			4	
9		4				2	6	3
	5		3		4			
8		1	7		6			
						9	1	
	4		8	1				
7	2			3	8	4		5
		3					8	6
			6					

Puzzle #10
MEDIUM

					8	6		
	5	8	6		4	7		
4	9		3	7			2	
5				6			7	
	6			9	7		8	
8			4		1	3		2
		7				2		
3						4	1	
	1	4					9	

Puzzle #11
MEDIUM

	7							4
	2	4	6		9	7		
				5				
6	9				8			1
5				2				7
		3	4		1	2		
1	3			6	2			8
2					5			
	5	8		3			9	2

Puzzle #12
MEDIUM

			4			3		5
	5		8	3	7			6
9			2		5		8	7
3						6		
	9	1			8			
2	7	6			3	8	4	
7				9	6	1		
			1				7	
5		2						

Puzzle #13
MEDIUM

2		1	5			4	3	
7					2			
	4		3	1				7
4					6		8	
	7		8		1	6	5	
1			4					
		6		9	5		4	
	3						2	6
		4	6					5

Puzzle #14
MEDIUM

	4		5					7
			4		2			8
5	8		1	7		6		
	1	5						
	9	7		3				
	3		6	5	7	2	9	
			9			4	6	
		1	7	2				5
			3		8		1	

Puzzle #15
MEDIUM

7		5						8
	9				8	6		
8	2			5	7	9	4	
4						3	6	
6			9	5	7			
2			6					9
1			5			8		
	7		8		3			
9	6			7		1		3

Puzzle #16
MEDIUM

	2	9	7			5		
4						7	3	
	6			5				
2	5		8	1			7	
	3		4	9	7	1		
		7	5				8	4
5	8				4			
			1	6				8
3							9	6

Puzzle #17
MEDIUM

5			8		2		4	7
				5			1	
	3				7			
					1		7	
	5	1		8			9	3
3		2		9		8		1
	6	5			3	7		9
	1	3	9		5		8	6
		4		7			3	

Puzzle #18
MEDIUM

				4				7
1		5						
	7						8	3
5			6	1		3	7	2
			4		7		1	
3							6	8
	3				9	8		
2	9	6				7		
8			7	6	3	2		9

Puzzle #19
MEDIUM

		5	6					
7	3	9	1			5		
	2			5	3	1		
			2		5	3		9
	4	3		6			2	
	9				1	4	6	5
4		2					9	
		6		3	2		5	
	7					2		

Puzzle #20
MEDIUM

					7		6	4
				9	8			
	5	9						7
9	2			3		7	4	6
6				4	2		8	9
		7						1
	8	3			4			
	7		5		1			
1		5		6		4		

Puzzle #29
MEDIUM

		7	2	4				3
9		3					2	
			8	6	7			
					8		4	
7		2						1
3			6	7		5		
5	7		8			1		4
	1			3	7	2	8	
			5	1	9			

Puzzle #30
MEDIUM

7	3					4	1	9
6				7		8	5	
	5	4				3	7	
	2				3	5		1
		5		8				
1		3	2					4
5		9		3			2	7
		6	2					
		2		9				

Puzzle #31
MEDIUM

5				2		4		
4	3		1		9			
		2			6		3	
	8			6				3
						6		5
6				8	1		2	
	4			3			5	8
	9			1	2	3	6	
		7	5		8			

Puzzle #32
MEDIUM

5	1						2	
	6					7	8	
	7	3	8				9	4
7	3			5				6
	5		4				7	
4				2	7			
		9		7			3	
1	8		9				6	7
3	4			8		5		

Puzzle #33
MEDIUM

	5	1	4				9	
		6		8		5		7
3		2			9		8	
			2		7	1	5	8
5				9	4		2	
		7			1			
7			1		5		4	
9				4				
						6	7	5

Puzzle #34
MEDIUM

		5				1	6	
			5	2		3		8
			8					
6		9	2	3		8	1	4
			9					2
	7		6		4		5	3
4		8			2		3	
		3	4	9				6
7	6			5			8	

Puzzle #35
MEDIUM

		4		3		5		
6		7	8					1
			7		5		4	2
			1	5		6		
			3			7		
7			2		6		8	
3	4				8		7	
9	7		5			4		
5		6		7			3	8

Puzzle #36
MEDIUM

			3	5	7		4	
	3	5		8	6		9	2
							7	
5		9	8		1	4		7
4							5	
	6		7	4		3	2	
		7		1				
	8				4	2		
	9	4		2	3			

Puzzle #37
MEDIUM

			1	5	9	7		
	2			8		4		1
		6					8	
	7			2			1	
						2		
		8		1	3	6	5	
	8	3				9	7	5
9			5	3				8
		5	4			6		

Puzzle #38
MEDIUM

			6		1	3		
7			3	4			8	
		4				1		
9	1		2	8	7			
				5		6		2
			1			8	7	
3	5				2			1
	9				6	2		8
	6	2				4		5

Puzzle #39
MEDIUM

3			7		8		9	
		6	2		5	1		8
8			1	4				5
	9						8	
			5			9		7
	3	1		8		2		
			4	7				
		3	8				4	
	7			1	6		5	

Puzzle #40
MEDIUM

			2	6			4	
9			5		1			7
8		6					2	
	7	2		1		8		3
3		9						
4			3	9		5		
6				7				
	9	1		4				
		3	1		8	5	7	6

Puzzle #41
MEDIUM

	6		4					2
8	1			9	7			3
			1		6	9		
	8		2	5	9			7
		1				2	8	
		5		1				
	9		3	8		7	4	
	5		9					
	4	8		7		5	3	9

Puzzle #42
MEDIUM

					6			7
		9		1		8	4	
7				8			9	
3		6			7			2
	5		1			6		
	1		6	2	5	9	3	
6	8			5	4	7	1	9
			3			4	8	
			9	7				

Puzzle #43
MEDIUM

2		3	7	6		5	1	
			9			6	2	
	1		4					
				8				5
5		1		7				
	7	6		2		3		
	8		1	6			7	3
		7						6
			7		3	2		4

Puzzle #44
MEDIUM

			5	1			8	
	3					9		
	7		3				1	5
3	9	7						6
		2		9		3		
	1			8		7		
7		4	1			6	5	
							6	
1	6	9			2			7

Puzzle #45
MEDIUM

		8			9		2	
9	6	2			8			4
7		1		6				
	7			1			8	5
8					5	9	7	1
			7	8	2			
4	8					1	3	
		7		9	4			
2								6

Puzzle #46
MEDIUM

1			2				3	
9	3	6			5			1
5			3			4		7
4	8	2		7			6	
	9				3		4	
6					2		1	
		5					7	
	1			3	7			
	7		5			6		2

Puzzle #47
MEDIUM

1				5		3		4
	4	8	2					9
							7	6
	2					1	3	
	5		7					
	1	9			2		4	
	8							1
3	7		9	2		4	5	
	6	4			8			3

Puzzle #48
MEDIUM

							3	9
			1	7	9		6	
2								8
	6	1			8			
8				5	1			
5			4	9		1		7
	8	2			4		7	
3	9			1	7	5		6
	1		9		2			

Puzzle #49
MEDIUM

	9					5	7	
8		6						2
2				7		6	4	
1				3	7			
	5	9		2		1	3	6
3	4		9			8		
6				9		4		
			4				6	7
	3		7					

Puzzle #50
MEDIUM

	9			4				
		1	7	2			9	
						4		3
5			3			7	8	
					9			2
	8		2					5
		6	4				3	
3		5	6	8			2	4
2					1	8	7	

Puzzle #51
MEDIUM

1						2	5	4
	4	6	7				3	
					7			
	2	9		8			4	
8	1		2		5		9	
6								8
5	6			2		4		
	9	7	8		3		1	
		3		1	4			6

Puzzle #52
MEDIUM

8					5	3		
1	5			7		8	2	4
					3		1	
		4		5	8			2
		5	6					
7		2		1			6	9
9	7	8	4	3				
5				7			9	
				9	1	4		

Puzzle #53
MEDIUM

		5	7					
3	9		8	4			7	6
7	6	4			9	8		
		7		6		5		
1			5					
		6	1					8
	2		9			1		
5		8			1			9
		1	3		6			4

Puzzle #54
MEDIUM

	5					1		3
			8		9		4	
9		4	1	3	5			6
			5					
1		5		6			2	4
6				8		3		
						4	7	
5			6	9	7			
7	1		3	2				9

Puzzle #55
MEDIUM

		9	1	5	3	2	4	
		2						5
		1		9				
	4		5		7	9	6	
1					4		8	
	5	6	8		1			
6		8	7					
				4				8
		3			2		5	9

Puzzle #56
MEDIUM

2				1	5	6		
	3	4	5			1		
		5						8
7			9		2		5	
		2	6	1		7	4	
9								2
		1			4	6		3
	9					2	7	5
					3	4	9	1

Puzzle #57
MEDIUM

5								
8	4				2	1		7
	3	1			8			5
		9	4			3		
6	2		8		9	5	7	
	5		7	1				
4				9				3
			2		1	7		
7		2	5				1	4

Puzzle #58
MEDIUM

9	3			8	2		5	6
7								
						1	3	
		6	7				9	4
3		2	8	5	9		7	
					6		8	
		1		7				2
2	1			3			6	
	8	7	5	2			1	

Puzzle #59
MEDIUM

						1		2
3		5			2		6	8
	1			6		5		4
	8			2	9	3		1
6	9				3		2	
2			5	4				
	7	3						6
1			4				8	
	2				1	4		7

Puzzle #60
MEDIUM

			8		9	1	3	5
2		5		7				8
8	1		4					
3				5				
4				6		2	7	
9			2			8		3
	6		3		7		9	
	9					7	8	
	8					3		4

Puzzle #61
MEDIUM

6	5			9			2	
			2			9		6
	9		6	8				3
3			1			2		
7		5	9				6	
	1			6	7	5		4
8	2				1			5
	6			2	9		3	
			5				1	

Puzzle #62
MEDIUM

			3	4		1	6	2
						4	5	9
	6	4				8	3	
		5		8	9			6
3		9		7			8	
7							4	1
6			1		4			
4		3	2					
			8	5			1	

Puzzle #63
MEDIUM

							5	
	7			3		6	1	
2	8	5	9				4	
4		8		2	5	7	6	1
	1	2	7		8		9	
				9				
7	2	3	1					
1							3	
				6				2

Puzzle #64
MEDIUM

			4				9	
		4	5		7			6
6	3				9			
	1		3	6		7		8
		2		5			3	1
8			9			5		
7	2		6					
		5		7				
3	9	6		8		2	5	

Puzzle #65
MEDIUM

		5				9		
2			1	8				
8	1			5	6	4	7	
9					3			
6		4						
	8			4	9	3	2	6
	4		3			6		
	9	2	5			7		
3					1		8	9

Puzzle #66
MEDIUM

5	6		7		2	1		
	2		5	1			3	4
	9			6		7		
4		5	9			2		
1	8			5				
		2	3				8	
						9		5
2		6				8		3
			8			1		

Puzzle #67
MEDIUM

5		8		7	3	6		
			6					4
		4	2			8		
	7	9		8			5	
3			9		6			
		6	5			9		1
			8	1				5
9	5					4		
6		2			5		3	

Puzzle #68
MEDIUM

	3	6	9	7			5	
		9		1	3			
2						9		
3	6	1			5	2		
			1		8	7		
7	4			3			1	
		2	6			3	9	
			8		1	5		6
				9		1		

Puzzle #69

MEDIUM

	8				7	9	3	4
		7			9	8	5	
		4		6			7	1
			8				4	
			7		4		1	2
5				3			6	
4	3	8	6					
	5		1					
				7		6	8	

Puzzle #70

MEDIUM

7		6	9		2			4
			3	7	5	6	2	
			1		6			8
6	7			3		4	1	
				6		5		7
1				2			8	
9		8			4			
		5	2					
4	2		8					

Puzzle #71

MEDIUM

					7			1
							6	
4	3	1		6			7	
	2		7	8	5			
		3			1	7	2	
5	6							
3			1				8	4
7	1			3	8	9		2
	8	4		2	6	3		

Puzzle #72

MEDIUM

8		5	9	6		4	1	
	3				7			
			5	8			9	7
			8	2			3	
	5		7	3				4
3		2			5	6		
2	8			1				5
		7	3			2	6	
	1			7				

Puzzle #73
MEDIUM

					3		2	
8	7							1
3		2	8	9	1			
	4				5			2
5	3	8			6		7	
2				4		3		5
		5		3		2	6	7
	2			6	9		5	
6		1		5				3

Puzzle #74
MEDIUM

5				2				4
1	9		7					5
	2		3			9		
		7			6		2	
2	4		5	9			8	
					8		1	9
	5		9					
	1			3		6		7
6	7	3	4		1			

Puzzle #75
MEDIUM

		9	6	4				
					9	4	8	7
	7	4						5
			1	6	4			8
	6				8	3		
			7			1		
1			5	9			4	
4		6		7	3	9		
	2			1		5	7	3

Puzzle #76
MEDIUM

		3			5	4		
5		6	9				2	
	4			7				
9	1			3	8	2	6	5
		8	2	1			7	
		2						
				7			3	6
1				2	3		9	8
	8	9					4	

Puzzle #77
MEDIUM

	8			9			3	7
	9	6			1		2	
		7		8		1	6	
					8	6		
	4	2		1	9			5
8	5		2	6		3		
4	7			5			8	
2			1		6			
								3

Puzzle #78
MEDIUM

		9		7			4	8
			2		8		6	
8		4	6			2	3	7
			1				2	
	4	1						
7						8		6
	6	2	8	1				5
4	5					1		
1		7		5	9			4

Puzzle #79
MEDIUM

	6		3		8		4	
	7	4			5			
				9				
		6				9	3	
3		1		7		4		6
	4		5	3				
7		6		5	1			4
2							8	7
			8	3	2			1

Puzzle #80
MEDIUM

			4		1		6	
	9			5		1	2	
	1	7		2	8			5
						3		2
	2	9			4			
	7	4	2	1				
2		3		4	6			1
7				8	2			3
		4	8					

Puzzle #81

MEDIUM

		7				9		
				6			2	
5	2					3		1
4		9		2	1		7	
	1		5	7				
3			8	9	4			
	5	8	4			1		2
9				1		6		
1	6		2				4	

Puzzle #82

MEDIUM

3	6	4	8			7	2	
				4				
		5		7				
	5	2		3		4		
8			9					1
		3	5	6	8			
								2
	2	9			3	6	8	
4					6	1	5	3

Puzzle #83

MEDIUM

	4			1		3	8	9
	1				9			6
6		2		8	4			
	6					7		3
			7				9	
	7	8		9	5		6	
	5	1	6					
7		6		2			4	8
		9						

Puzzle #84

MEDIUM

			4		6	3		
2					8	4	9	5
	1	3	2			7		
				8		2	4	
				3	5	8		1
			9					3
		4			3			
			7		1	5	8	6
	6					1		

Puzzle #85
MEDIUM

	8		3			9		
1			6		9			5
	6	5						
3	4		7	6				9
			1	3	4		6	
		1	9	5			7	
								2
8	5	7		9			4	
		6		8			1	7

Puzzle #86
MEDIUM

		4				8		2
		2		7			1	6
	7	6		1				
	1	2	8					3
	5	6	2			4		
9						5	2	7
3				1				
		4	6	3	7			
	5		7	9		3		

Puzzle #87
MEDIUM

6	8				1	2		
	2						4	5
			5			3	6	
4		3	8	1	6			
				7			8	
			2			7	1	6
1		6		8				4
			3			6	9	1
5	9			6				

Puzzle #88
MEDIUM

1	8				3			6
5							1	
9	7			2			3	8
	4			3	6		9	
		7						5
	9		7		5	3		
		6	8					4
		8			9			7
2	1				7	6		

Puzzle #89
MEDIUM

	4				9			7
6	7		1	3	4			
			8			1	5	
3	5	8	9		7		2	1
1				5	3		6	
4		9		8	1			
	1			4				
5			7					9
7	3							

Puzzle #90
MEDIUM

					8		5	2
	2	8	6					
7		5		4			6	
5	4	2	8	9		1		
		6	4					
3					6	4	7	9
6	3		9	8			2	
8		9				7	1	
2			7					8

Puzzle #91
MEDIUM

6	7	9		5		4		
2		1	6				5	7
3					2		6	9
		2	3					
4		5		1			3	
9	8					5		
5			4				1	
				3	6		2	
	2			7		9		

Puzzle #92
MEDIUM

7		5			2		8	9
		4						3
3		2		8			6	
	3			9		2		6
		6	1				4	
9						8		1
					6	3	1	
		3		7				
	5	9			3	6		4

Puzzle #93
MEDIUM

		6	7	3		1	4	
1		8	9			2		
9				2	1	3		
8							2	6
	6	2					7	
	5			6	4			3
		9		5		6		
					2			8
4		5	1	7	6			

Puzzle #94
MEDIUM

			4	9			8	
6	5			3		2		
9	4	8			5			
	6	1	8	4	2	3		
	3		7					
					1	4	7	
		6				1		
4	1				7			3
3		9			4	5		7

Puzzle #95
MEDIUM

		4	1	9				
		7			4	9	1	
		9		2		8	4	6
9		8			1			
6				5				8
		5		6	8		2	9
2			3				8	
		1				3		
		3	4		6			5

Puzzle #96
MEDIUM

7			4	6		3		
9			5				7	
6	8		7	3		4		5
					3	1		
8	4	1			7		5	3
			1	5	4	8		
		3		8	5	2		
		6		4				
	2							4

Puzzle #97
MEDIUM

8		6		1	3	5		
7			6	9	2			
	9					7		
5				6	8			4
			4		1			3
		9			5			1
	6					8		
2	3		8	5		1	6	
			3			4		

Puzzle #98
MEDIUM

	1			4			6	3
6		2						5
		4		6	7		2	
1		5			9	6		
2			8				1	
	6	7	1		4	2	5	
	9			2	1	5		
4				9	3			
7			6					

Puzzle #99
MEDIUM

	6	4		7		1		5
		2		1		4	8	3
		5				2		
			1	4	9	3		
2								5
6				2		7		
1			9	6	4	5		
		7	2		3		1	
		6		8	1			

Puzzle #100
MEDIUM

3	4	9		6				
	1						9	6
2	6		9					5
5						7		4
8			2	5	6			3
	3	7						2
		3			8	5	6	
		2		1				
			4	5	6		3	

Puzzle #1

HARD

		6	9			1		
		5						
4	3			2				
		8			3			
	9			1			6	
		7	8			4		3
					5	3		8
2			7					
	1					9		

Puzzle #2

HARD

3								7
9							4	2
				6		5		
		9	5					
2					6			4
4		8		2		9	5	
	6				7			
		4		8	3		9	
		7					2	

Puzzle #3

HARD

			8	2	9		6	
							2	
1						4		3
	6						5	
			7	6		9		
4					5	8		
					4			
	4	1		9	3			
		3						8

Puzzle #4

HARD

					9	2		4
	3		1		2			
		9		7				5
		1						2
			2	3	7	6		
				9			8	
2		4				5		
			7	6				
	9		8				4	6

Puzzle #5
HARD

		4	2					
	8		9	1		3		
1						9		7
9		3	6		8	4		1
			2			7		
							3	5
4								
			1		7			
		6		4			5	9

Puzzle #6
HARD

7	2						1	
	9	3						
			7			3		2
3				1			5	
		4			5			
		6	3	9				
				8		2		
				1			7	
9		8	7	3				1

Puzzle #7
HARD

						5		
5	7					2		
		9						1
		6				1	3	2
		4		6		8		
3				1				
7			9		8			3
	2	3		5		7		
				2				9

Puzzle #8
HARD

		4		7	2			
			4	3			2	
		7		8		5		
		2				7	8	
	5				8			
3					7	6		9
		6	2					
5		3					9	2
			9			7		

Puzzle #9

HARD

6	8		1				3	
2		9						
				4				8
				7			6	1
						8	2	
	3		2					
		5			1			
	7			2	9		8	
	1		5			2		6

Puzzle #10

HARD

1			4					
		5	7	6		4	3	
						7		
3					5	8		2
				9				
2	1		6					
		8			6			7
								1
					7	3	2	5

Puzzle #11

HARD

			2	3			5	
					6	2		
	8	9						
	4	3						
				6			8	7
7	2				4		3	
			4			1	2	8
		7					9	6
				9				

Puzzle #12

HARD

	2				3	4		
9		4						
7		8	9					
			2		9			1
	9		8			3	5	
					4		8	7
8							3	
			7					
		6			2			5

Puzzle #13
HARD

2						7	9	
4				9				3
	5	1	3					
		3						6
					8		7	
	4			7			8	
								1
		5			2	8	4	
7	1		6					

Puzzle #14
HARD

			7	8	5	3		
	3	9	6					8
5								
				3		6		7
					6	9		
2		8						
7			5			1	3	
			5					
			2		4	7		

Puzzle #15
HARD

	2		3	8				
6			9					
			7	2		4		
					7			
8	9							6
4		6						3
	1			9		4		8
2			5	3	4			7

Puzzle #16
HARD

3						7		9
			6					
				4			8	1
			5					
	1		6				4	
6			3	7				8
	2		7					
7			9			6		5
	5					1		

Puzzle #17
HARD

					2	8		
5		4			3			2
	3		8			1	7	
								7
	1		4	8				5
					2			
	9			2	6			1
	7	3						
		1			4			

Puzzle #18
HARD

							8	
		8						9
			7					
	6	5				3		
7				9	6	5		
			4			9		
	2			8		1	7	
	8		3		2		5	4
4			1					

Puzzle #19
HARD

	3	6						
			7	6				5
					4			
				9				7
1	8					9		
2		4				3	1	
4				6				
3				4		9		
	5			7			3	

Puzzle #20
HARD

	2		3			5		7
	3		6		5			
9	8					3		
		9					6	
				7				3
7	1	6						8
			3		1			
								2
	7		5	4				

Puzzle #21
HARD

4		2	1					
5					7			
		1	9					2
				7			2	
7	6		5			4		8
		3				6		
				3			7	
			4		9		8	
3						2	4	

Puzzle #22
HARD

	3			1	7			5
	6					7		
		5	9					
5			6			8	4	
	4	1						
7			1				3	2
		8		5		9		
6							1	
2								

Puzzle #23
HARD

						5	4	
		1			9		8	
	9			7				
4			7	5				
		2					7	4
				6				
	3		8			9		1
		5	9				2	8
	1		3					

Puzzle #24
HARD

		6		8		4		
			1				8	
	7		2	6			1	
							9	
3	5	1		9		8		
6			8					
9	1				2			3
5			6					
				3			2	

Puzzle #25
HARD

6	5							
			6		8		4	
		7			1			
			5					
3				2		9	1	5
9							7	
			9			7		
1	2	6						9
			4		6	2	8	

Puzzle #26
HARD

		9					5	
	8				1		7	
						1		
			6		3			
	7		8					
		4		3			1	2
		7	4					6
	1	3			8			
5	2				7			

Puzzle #27
HARD

		3		1		4		
8			2		5			
5	1			7			6	
7	5			2				
	8							
2				6			1	
			3			5		
		2						3
			4					9

Puzzle #28
HARD

5							9	6
	7	4	1		8		5	
						1		8
	3	1			6			
			7					
			9					5
		8	4		3			9
		9				2	4	

Puzzle #29
HARD

	4				1			
			8	4	2	7		
	2							
	3		2					
8			3			5	4	
		4	6				3	
			1	7	6			
7	8					4	9	
						1		

Puzzle #30
HARD

	2				7	8		
3	1			2				
								7
4						5	1	
		6		9		7		
						4		
		5				1		
		5	6		2	9		
		9			6			

Puzzle #31
HARD

5								9
	2			8		1		
8		3			7			
7								
	4				3	2		
			6	4			3	
		1	9				7	5
		8		5		9		
2						3		

Puzzle #32
HARD

								9
	6		1	3		5		
		8		9				
2		1						
		6			2		7	5
	7		5				2	
9						4	5	
	8	2			6			7
	1		4					

Puzzle #33
HARD

	7			5				
1							6	9
		9	7		3	4		
2			6					
3				2			8	
	8	4						6
					1			8
	2	8					9	
			4		7			5

Puzzle #34
HARD

	6	7				3		
5				1			4	
						8		
	7		1		2		6	
		1		5				
	9	8				7		1
9							2	3
1				3				
			2					9

Puzzle #35
HARD

		6		3		5		7
				8		1		3
	6		3					2
4				1		5		8
	8		7	6				
				7		1		
5						2		
8	4		2					

Puzzle #36
HARD

	7	8	4					9
1			3					
	5			2				
			4					
6		4						
			8			2	7	
			5			6	8	
						1		
9		3	1					

Puzzle #37
HARD

		8	2					
		7		5		6		9
1	4							2
9					7		3	
2				8	6	1		
			5		9			
		4				8		
				6		7	5	
	6							

Puzzle #38
HARD

				7		9		4
			2		6			7
2		5	3					
1		8						
				9	6			
4				3		1		
								6
						4		
8		4	5					2

Puzzle #39
HARD

3	9							1
			2					
6				1		2		4
		1		2		6		
			5	3	4			
			4			8		
2			6					
9		8						
				4		7	6	

Puzzle #40
HARD

5			3			2		
3	4							
						3		
4								9
1		5	2				3	
	9			1		8		
	8			7				
	1		5	8		6	4	
								2

Puzzle #41
HARD

					8	5		
				4	1			
2			9			8	1	
				2		6		
						4		2
7	1					3		
	9			1	3			
		1						
	6	4	5			9		

Puzzle #42
HARD

								3
		8			5			
6		5	3		8	1	7	
8		4						
	9			1	5			
	7	6					3	
9						8	6	
1			7			3		
			2					

Puzzle #43
HARD

		4		8		9	5	2
		1		2				
		6				3		
2							6	3
	5				7	4		
		4						
	9				5			4
						6	8	9
			1				2	

Puzzle #44
HARD

	8	9		6				1
			8	1		4		
	3		4				2	
9								
								8
7		6					4	3
			1				7	
						5	3	6
	7				2			

Puzzle #45
HARD

			9	5	4	3		
2				6				4
	3	6		7		8		
6	5			3				
	8		5	1				
							7	
		2						
		3					6	7
9	7		4					

Puzzle #46
HARD

	1	6	9	5				
	3						9	
		4		2		5		
	7			1				
			3		6	1		
	6		2	4			3	
			7					
	9	2						
			6			8		3

Puzzle #47
HARD

4						3		
	6			8				4
				2	1	7		
5			9					
			1	7				
7	3			4				
3				1		9		6
6	8			2				
							4	1

Puzzle #48
HARD

	4			6				
			3					4
			7					
7	8	9				5		
			4	5	7			
						6		
8			3			6	9	7
1			7				3	8
	5		8					

Puzzle #49
HARD

	3			1				6
9	8			3		2		
						4		
		2			8		4	
	9	8						7
7	6					9		
	7		6				1	
		5		8				
			1		3		2	

Puzzle #50
HARD

				4		6	2	
	9			6	3			
4			5					
	6				5			
2						4		
		5	6			7		9
1	7							
			4				5	2
						9	1	

Puzzle #51
HARD

				8		4		3
							6	
3	7	4						2
			2		5			
		9		1	7	6		
	8		9		2	1		
	5	7			4			6
9	4					7		

Puzzle #52
HARD

6				1			7	
		4		8				9
	2				9	1		
			5			2	3	
			7				9	
				6				
	9				5	8		
	3	6		2	4			5
		1						3

Puzzle #53
HARD

		7				5		3
6		1	2					9
			1		7			
				7				
9		3	8		6		7	
						4		2
	4							
			9			2		1
		9			8		3	

Puzzle #54
HARD

1				5		4		6
		8						
4	9				1			
							7	1
		5		9			4	
			8	1			3	
5	8			3				
	3		6	8				
			9	7				

Puzzle #55
HARD

9		2			8		3	
1	8							
	3					2	7	
2								1
		1			7		5	
7			9	4				
			5	2		4		6
6							2	
								5

Puzzle #56
HARD

4		1			5			6
9			7	2				8
		5	8				9	4
	3				9			
					6	5		
7				8				
	2						1	
		4	1				6	7

Puzzle #57
HARD

5				9				
		7		1	4			
				8	2			1
		5				8	7	
	3		7	4	9			
						1		9
		8	3					4
4		6		5				

Puzzle #58
HARD

5		9						7
		2						
				5	2			3
	1		6					
7		4					5	
			5		2	8		
		7		1			9	
			9					6
1				4				

Puzzle #59
HARD

1				4				2
			2			4		3
2						6		
		2	3					
9	3					6	8	
		4	8				2	5
			6					
				2	9			
8			5	3				7

Puzzle #60
HARD

		2				7		
				9				
	8	9	6				5	2
				4		7		
			3	9		2		
1			7	5				4
3	1					6	2	
						8	5	
			4					

Puzzle #61
HARD

			6	8	4		1	
				2			7	4
	8							5
	5					9		
		7						
		6	9		3			
	4						9	
5			1			3		2
3	6	8						7

Puzzle #62
HARD

		3	9				2	
5			8			4		
	6	4						
7	1						8	
	4		7	8	2			
			3					
		5	4			6		
		7		9				
			1			8	7	

Puzzle #63
HARD

			7	2				
	2			4	8			
1				6				
		1			3			
				7		6		
	9		5			1	8	
4								7
		9		6	5			
3	8							

Puzzle #64
HARD

					1			
	1		2			3		
6							7	
							3	9
	3	5					1	4
	5		8					
	8			4				2
2				7			9	1
	4			9				

Puzzle #65
HARD

	1					9	2	
3				6				
	2		7	3	1			5
8							4	
			4			2		
		3			7			9
		9		6				
	7		4	8		6	1	
5								

Puzzle #66
HARD

8	4			1		2	7	
	2		6				8	
		6						
6						9		
			1		4			
	8	5		9				
9				4				1
		7	3		6			4
4								

Puzzle #67
HARD

4								6
		2			1			7
				5		8		
3			9					1
8				6	2		5	
9				8				
		5					7	9
		9	4		3		2	

Puzzle #68
HARD

					6	4		1
4		8		7	2		3	
						9		
	3	9						
7						5		
	5		1	4	9	8		
		5			7			
	4	3		5			6	

Puzzle #69
HARD

4			5		9			
3		7						
				1		9		
7	8		3					2
		6			1			9
						7		
2	5						9	7
				2				
		4			6		2	1

Puzzle #70
HARD

			9				1	
	9			4		6	2	
		4		1				
3	5							
	2	9			7			
			6		2		9	7
				2	3			
			1					5
			8			4	7	

Puzzle #71
HARD

6				3		7	5	
9			6			8		
		4	8					9
				8				4
5		7			3	2		
						5	1	
	3		2					1
							7	
		4		1				

Puzzle #72
HARD

	6		3	1		5	8	9
5	4							3
							7	
			9	3				
2			7		5			
4	3				2			5
	5	7					6	
		1	6					8

Puzzle #73
HARD

		4	1					
6			5					8
	5						7	
					6			
2					9		6	
8				4	3			2
		8						7
			9			1	8	
		5		7				3

Puzzle #74
HARD

		1						
	7		8			3		
		4		9			7	
4						9	5	
			7			4		6
		2						
		7	2		4	1	3	
5				6				8
	2				9			

Puzzle #75
HARD

3	7				9			
				4			7	
		8						3
			4	7	1		6	
	5		8			3		
							1	8
		1	9	3			4	
		7	1			9		
5					7	1		

Puzzle #76
HARD

					8		9	
			7	2				4
1	4				9			3
		4	3					
9				8				2
3	1				5	9	6	
		9				2	3	
			5			8		
	5							

Puzzle #77
HARD

	9		7		3	6		
			2		4	8		
	6	4	8					
7			6		2			
			9					
						3		6
	4			7				
3		9				2	5	
		8						9

Puzzle #78
HARD

1			4	7				
				9		1	6	
			3					5
		1					9	
		4		6				
		3		2		7		
5						8		2
7	2				5	6		3
			2		3			

Puzzle #79
HARD

7		2				8		1
								5
		4				3		
			9			3	7	
			1		6			9
			5					
2	5			1		4		
		8		7			6	
			5	3	8			

Puzzle #80
HARD

		1	2	9		6		
						2		9
5	2		6	7		3		
7		4	8	1		6	3	
1			9	5		4		
			3			6	9	7
	8		9				4	3
	3	2	1		7			
	1		3			7		

Puzzle #81
HARD

		5		2				
				3	9			
			7	8	9			
		4	1					
7	2							
3	5			6		2	7	
	7		8			5		
4		2						1
			6					

Puzzle #82
HARD

	5						8	9
			3				2	
8			2					
7		1				2		
		5	4	6		7		
		3						
4								
	8	2					7	5
	9			4		3		

Puzzle #83
HARD

5				4		6	7	
	4							
		1	3	6			8	
			9			3		
	7	8	1					9
3				2				
	1				7			
2								
9					6	3		

Puzzle #84
HARD

			2					
	3	8				1		
		5			6	9		
	2		9	8				
	5			7				6
		2			4			
3	6					8		
2	1				3			
		5	4		6			

Puzzle #85
HARD

7		4	3		8			
1								
					8			
5						4		
	7	1				3		
8			2	1				
			7					9
			3		6			
	2		5	9	1			7

Puzzle #86
HARD

			2	7		6		
2		7						3
	4						8	
	5	8				7		
	3		8		6			
	2				9			4
3		9	6		5			
			3					
			8	4				1

Puzzle #87
HARD

						4	3	6
				5				9
	9		2					
	4				9	5		3
				1	2		6	
			6			1		
	8							5
3		6	4					
9					1		8	

Puzzle #88
HARD

			2	1	5		9	
					4			2
	4					8	3	
				7		2		
5		7		6				
2			1	5				
	3	9				4		
						6		
				8	6			

Puzzle #89

HARD

		8		6		1		7
								8
4				2		6		
6					2			
9								3
5				7		8		9
		3	5					
	4						5	
				8	1		9	

Puzzle #90

HARD

		6		2	9			8
9		3	6		7			5
					8			
				6			1	2
5		7						
	1		7	9				
				4			7	1
						8		
	9		1		2			

Puzzle #91

HARD

	3						4	
			5					
1	4	5					6	9
		8			9			1
				3		9		6
	1	2	7					
5							3	8
					2			5
		9	4					

Puzzle #92

HARD

		9			7		2	
	1	5			2			
	4		9	8			1	
	3		5			4	9	
				2		7		
	5					8		
				6				
4					5	2		
			4		3			

Puzzle #93
HARD

				3		5		
					5	4	7	1
	1	6		7				
2	5				6			
			4					3
9				8				
		8	7			6		9
	2	7		4			8	

Puzzle #94
HARD

		6			4			8
7		3	9					
9			3			1		
		1	2	8				
2				9		7		
		8						
		7	1					
		5				2	7	
				5			4	

Puzzle #95
HARD

1		4			6			
			2					
				1		6		5
	4		6			8		
				5			6	
	1	8				4		
4		7						2
	9	1					7	
8			9		3		4	

Puzzle #96
HARD

			4	1		2	7	
6						9		
		5						1
	1					8		7
		9					4	
		6		9				
		8		2	9			
	9	4			8		6	
			5					

Puzzle #97
HARD

9		8	1					
	5	6	4					
7		2			3			8
		1		6				
								1
5					9	7		
		5			2		8	
	1		3	8			7	
		9			6			

Puzzle #98
HARD

8		7		9	4			
		3						
						4	9	
	3		2				4	
9				8			2	
			9	5				3
	5						8	
	6					7		1
2					6			

Puzzle #99
HARD

5		8						3
				2		5		
9	3		1			7		
6			2	1		7		
		7		9		5	3	4
				9		6		
1	9		6	4				
3			8					

Puzzle #100
HARD

8		6		9				
				1			4	2
						6		8
	1		6			8		
7						4		
	9		2					3
					3		9	6
			1					
1				4		7		

Answers: Easy

Puzzle # 1

7	2	9	6	4	8	5	3	1
1	4	8	2	3	5	7	9	6
5	6	3	7	1	9	8	4	2
2	1	6	5	9	4	3	7	8
3	5	4	1	8	7	2	6	9
9	8	7	3	2	6	4	1	5
8	3	1	9	7	2	6	5	4
4	7	5	8	6	1	9	2	3
6	9	2	4	5	3	1	8	7

Puzzle # 2

4	5	8	2	9	1	7	6	3
6	1	3	5	4	7	9	8	2
2	7	9	8	3	6	5	4	1
9	6	2	7	5	3	8	1	4
5	8	7	1	2	4	3	9	6
3	4	1	9	6	8	2	7	5
1	9	5	4	8	2	6	3	7
8	3	4	6	7	5	1	2	9
7	2	6	3	1	9	4	5	8

Puzzle # 3

7	9	8	4	1	2	3	6	5
1	6	3	9	5	7	4	2	8
2	4	5	3	6	8	7	1	9
9	5	7	2	8	6	1	4	3
3	8	6	1	7	4	9	5	2
4	2	1	5	3	9	6	8	7
6	3	4	7	2	5	8	9	1
8	7	2	6	9	1	5	3	4
5	1	9	8	4	3	2	7	6

Puzzle # 4

5	9	3	1	7	6	8	4	2
2	4	1	5	9	8	3	7	6
6	8	7	3	2	4	1	9	5
8	6	2	7	1	5	4	3	9
1	7	5	4	3	9	6	2	8
9	3	4	6	8	2	7	5	1
7	5	9	8	4	1	2	6	3
4	2	8	9	6	3	5	1	7
3	1	6	2	5	7	9	8	4

Puzzle # 5

2	5	1	6	4	9	7	8	3
4	7	3	1	2	8	6	5	9
8	9	6	7	5	3	2	1	4
7	1	5	3	8	2	4	9	6
6	4	2	9	7	1	8	3	5
9	3	8	5	6	4	1	7	2
5	2	9	8	1	6	3	4	7
3	8	4	2	9	7	5	6	1
1	6	7	4	3	5	9	2	8

Puzzle # 6

6	1	9	5	3	7	4	2	8
4	7	8	2	6	9	1	5	3
2	3	5	1	8	4	7	9	6
1	9	6	8	7	2	3	4	5
5	2	4	3	1	6	8	7	9
3	8	7	9	4	5	6	1	2
8	4	2	7	5	3	9	6	1
9	6	3	4	2	1	5	8	7
7	5	1	6	9	8	2	3	4

Puzzle # 7

7	6	1	4	2	3	9	5	8
8	3	5	9	6	1	7	4	2
9	2	4	8	7	5	1	3	6
1	5	2	7	4	9	6	8	3
3	8	6	1	5	2	4	7	9
4	7	9	3	8	6	2	1	5
6	4	3	2	1	8	5	9	7
2	1	8	5	9	7	3	6	4
5	9	7	6	3	4	8	2	1

Puzzle # 8

7	2	9	1	5	4	3	8	6
8	1	3	2	9	6	7	4	5
4	5	6	7	3	8	1	9	2
3	7	2	9	6	5	4	1	8
1	8	5	4	2	7	6	3	9
9	6	4	3	8	1	5	2	7
2	4	7	5	1	9	8	6	3
6	3	1	8	7	2	9	5	4
5	9	8	6	4	3	2	7	1

Puzzle # 9

8	6	1	2	3	4	9	5	7
9	4	2	8	7	5	6	1	3
5	3	7	9	1	6	8	4	2
6	9	5	1	2	3	4	7	8
2	8	3	7	4	9	1	6	5
7	1	4	5	6	8	3	2	9
4	7	8	6	9	2	5	3	1
3	2	9	4	5	1	7	8	6
1	5	6	3	8	7	2	9	4

Puzzle # 10

1	6	9	5	2	7	4	8	3
5	7	8	3	6	4	1	9	2
2	3	4	8	1	9	5	6	7
9	4	5	1	7	6	2	3	8
8	2	6	4	3	5	7	1	9
7	1	3	2	9	8	6	4	5
6	5	1	7	8	3	9	2	4
4	8	2	9	5	1	3	7	6
3	9	7	6	4	2	8	5	1

Puzzle # 11

1	2	9	4	6	8	3	7	5
5	8	3	1	2	7	6	9	4
7	6	4	3	9	5	2	1	8
4	5	7	2	8	1	9	3	6
2	3	8	9	7	6	4	5	1
9	1	6	5	3	4	7	8	2
8	9	1	7	4	2	5	6	3
3	4	5	6	1	9	8	2	7
6	7	2	8	5	3	1	4	9

Puzzle # 12

7	2	4	5	3	9	1	8	6
3	6	8	7	2	1	4	9	5
1	9	5	6	8	4	3	2	7
4	7	1	2	9	3	6	5	8
6	3	9	8	4	5	7	1	2
8	5	2	1	7	6	9	3	4
9	8	7	4	1	2	5	6	3
2	1	6	3	5	7	8	4	9
5	4	3	9	6	8	2	7	1

Puzzle # 13

4	7	3	9	2	5	6	8	1
6	9	8	4	1	7	2	3	5
1	2	5	6	3	8	4	7	9
7	4	1	3	5	2	8	9	6
8	3	9	1	6	4	5	2	7
5	6	2	7	8	9	1	4	3
3	8	4	5	7	1	9	6	2
2	5	6	8	9	3	7	1	4
9	1	7	2	4	6	3	5	8

Puzzle # 14

8	5	2	1	6	3	7	9	4
7	4	3	5	2	9	1	6	8
6	9	1	8	7	4	3	5	2
2	8	9	3	5	1	4	7	6
4	1	7	6	8	2	9	3	5
3	6	5	9	4	7	2	8	1
9	2	8	4	3	6	5	1	7
1	7	6	2	9	5	8	4	3
5	3	4	7	1	8	6	2	9

Puzzle # 15

4	7	6	3	1	2	8	5	9
2	3	9	6	5	8	7	1	4
8	5	1	9	7	4	6	2	3
3	8	2	5	4	6	9	7	1
6	1	4	8	9	7	5	3	2
7	9	5	1	2	3	4	8	6
1	4	8	7	3	9	2	6	5
9	6	3	2	8	5	1	4	7
5	2	7	4	6	1	3	9	8

Puzzle # 16

5	2	7	4	8	3	1	9	6
3	4	6	9	1	7	8	5	2
1	8	9	6	2	5	4	3	7
7	6	3	1	4	8	9	2	5
8	9	1	5	7	2	3	6	4
2	5	4	3	9	6	7	1	8
9	3	8	2	6	4	5	7	1
6	7	5	8	3	1	2	4	9
4	1	2	7	5	9	6	8	3

Puzzle # 17

1	3	6	4	8	2	5	7	9
2	7	9	6	1	5	8	3	4
4	8	5	3	7	9	1	2	6
7	9	8	5	3	6	2	4	1
3	6	2	1	9	4	7	8	5
5	1	4	8	2	7	6	9	3
9	4	1	2	6	8	3	5	7
6	2	7	9	5	3	4	1	8
8	5	3	7	4	1	9	6	2

Puzzle # 18

7	9	3	4	1	5	2	6	8
6	1	2	7	8	9	5	3	4
4	8	5	6	3	2	7	9	1
1	6	4	2	7	3	9	8	5
3	2	7	9	5	8	4	1	6
8	5	9	1	4	6	3	2	7
9	3	1	5	6	4	8	7	2
5	7	8	3	2	1	6	4	9
2	4	6	8	9	7	1	5	3

Puzzle # 19

6	9	2	3	7	4	5	8	1
7	5	8	1	9	6	2	3	4
1	4	3	2	8	5	7	6	9
4	2	6	9	5	1	8	7	3
5	1	9	8	3	7	4	2	6
8	3	7	6	4	2	9	1	5
3	7	4	5	6	8	1	9	2
9	8	1	4	2	3	6	5	7
2	6	5	7	1	9	3	4	8

Puzzle # 20

7	5	2	6	8	9	1	4	3
3	4	1	7	2	5	9	6	8
9	6	8	1	4	3	7	5	2
4	2	6	9	5	8	3	7	1
1	9	7	2	3	6	4	8	5
5	8	3	4	7	1	2	9	6
8	7	5	3	9	2	6	1	4
2	1	9	8	6	4	5	3	7
6	3	4	5	1	7	8	2	9

Puzzle # 21

6	4	7	5	1	3	8	2	9
9	3	8	2	6	7	1	4	5
2	5	1	9	4	8	6	3	7
1	6	5	3	2	9	7	8	4
7	8	3	4	5	6	2	9	1
4	9	2	8	7	1	5	6	3
8	1	6	7	3	4	9	5	2
3	2	9	1	8	5	4	7	6
5	7	4	6	9	2	3	1	8

Puzzle # 22

7	6	9	8	3	2	1	5	4
3	1	5	4	9	6	8	2	7
2	4	8	7	1	5	9	3	6
9	8	4	3	6	1	2	7	5
5	7	6	2	8	9	4	1	3
1	3	2	5	7	4	6	8	9
4	9	3	1	2	7	5	6	8
8	5	1	6	4	3	7	9	2
6	2	7	9	5	8	3	4	1

Puzzle # 23

3	2	7	9	4	8	6	5	1
4	8	9	6	5	1	7	2	3
5	1	6	7	2	3	4	9	8
7	3	2	4	9	6	8	1	5
1	9	4	5	8	7	3	6	2
6	5	8	1	3	2	9	7	4
9	4	1	8	7	5	2	3	6
2	7	5	3	6	4	1	8	9
8	6	3	2	1	9	5	4	7

Puzzle # 24

1	4	3	8	7	9	6	2	5
7	5	2	1	3	6	9	4	8
8	9	6	5	2	4	1	7	3
5	7	1	9	6	8	4	3	2
4	6	9	2	5	3	7	8	1
2	3	8	7	4	1	5	9	6
6	1	7	4	8	2	3	5	9
3	8	4	6	9	5	2	1	7
9	2	5	3	1	7	8	6	4

Puzzle # 25

3	8	1	5	4	6	7	9	2
5	4	7	2	3	9	8	1	6
9	2	6	8	7	1	3	5	4
1	3	5	7	9	4	2	6	8
2	9	8	3	6	5	1	4	7
7	6	4	1	2	8	5	3	9
6	5	2	9	1	7	4	8	3
8	7	9	4	5	3	6	2	1
4	1	3	6	8	2	9	7	5

Puzzle # 26

9	3	8	7	4	5	6	2	1
4	7	5	6	2	1	8	9	3
2	6	1	8	3	9	7	5	4
7	4	6	1	5	3	9	8	2
1	5	9	2	8	6	3	4	7
8	2	3	4	9	7	1	6	5
6	8	2	3	7	4	5	1	9
3	9	4	5	1	8	2	7	6
5	1	7	9	6	2	4	3	8

Puzzle # 27

7	2	8	4	1	9	5	6	3
1	5	4	7	6	3	2	8	9
6	9	3	2	8	5	4	7	1
4	1	5	3	2	8	6	9	7
8	6	9	1	7	4	3	2	5
2	3	7	9	5	6	1	4	8
9	4	1	8	3	2	7	5	6
5	7	2	6	9	1	8	3	4
3	8	6	5	4	7	9	1	2

Puzzle # 28

7	6	2	4	8	5	1	9	3
1	9	3	2	6	7	4	8	5
5	4	8	1	3	9	7	2	6
6	2	1	3	9	4	8	5	7
4	5	9	8	7	6	3	1	2
3	8	7	5	1	2	6	4	9
8	3	6	9	5	1	2	7	4
2	1	5	7	4	3	9	6	8
9	7	4	6	2	8	5	3	1

Puzzle # 29

6	7	1	8	2	9	4	5	3
8	9	3	4	5	1	6	7	2
2	4	5	3	6	7	9	8	1
5	1	6	7	9	8	3	2	4
9	2	4	1	3	5	8	6	7
3	8	7	6	4	2	1	9	5
4	3	2	9	7	6	5	1	8
7	6	8	5	1	3	2	4	9
1	5	9	2	8	4	7	3	6

Puzzle # 30

7	1	5	6	4	8	9	3	2
9	3	2	7	5	1	4	6	8
8	4	6	9	2	3	5	1	7
3	2	7	5	1	6	8	9	4
6	8	1	4	7	9	2	5	3
4	5	9	8	3	2	6	7	1
2	9	3	1	8	5	7	4	6
1	6	4	2	9	7	3	8	5
5	7	8	3	6	4	1	2	9

Puzzle # 31

8	5	7	4	1	2	9	3	6
3	6	1	9	7	5	8	4	2
4	2	9	3	8	6	1	5	7
6	4	3	7	2	9	5	1	8
5	7	2	8	4	1	3	6	9
1	9	8	6	5	3	2	7	4
9	3	4	5	6	8	7	2	1
2	8	6	1	3	7	4	9	5
7	1	5	2	9	4	6	8	3

Puzzle # 32

6	1	7	3	2	5	8	4	9
8	9	4	7	6	1	2	3	5
3	5	2	4	9	8	7	1	6
7	4	8	5	3	9	1	6	2
1	2	9	6	8	4	5	7	3
5	6	3	1	7	2	9	8	4
4	7	5	9	1	6	3	2	8
2	3	6	8	5	7	4	9	1
9	8	1	2	4	3	6	5	7

Puzzle # 33

4	8	2	3	6	9	1	5	7
9	1	5	7	4	8	2	6	3
6	7	3	1	2	5	8	9	4
5	3	4	8	9	7	6	1	2
8	6	1	4	5	2	7	3	9
2	9	7	6	1	3	4	8	5
7	4	8	9	3	6	5	2	1
3	2	6	5	7	1	9	4	8
1	5	9	2	8	4	3	7	6

Puzzle # 34

2	5	1	6	9	7	3	4	8
8	4	7	5	3	1	2	9	6
6	9	3	8	2	4	7	5	1
3	8	9	1	4	5	6	2	7
5	7	6	9	8	2	1	3	4
4	1	2	7	6	3	9	8	5
7	3	8	4	1	9	5	6	2
9	6	5	2	7	8	4	1	3
1	2	4	3	5	6	8	7	9

Puzzle # 35

8	4	6	7	3	2	9	5	1
1	2	7	6	5	9	8	3	4
3	9	5	8	4	1	6	2	7
4	1	8	5	2	7	3	6	9
7	6	2	3	9	8	4	1	5
9	5	3	1	6	4	7	8	2
5	8	9	4	1	6	2	7	3
6	3	4	2	7	5	1	9	8
2	7	1	9	8	3	5	4	6

Puzzle # 36

2	3	9	8	6	5	7	1	4
4	6	5	9	1	7	2	3	8
7	1	8	3	4	2	5	9	6
8	7	4	1	3	6	9	5	2
3	2	6	5	9	4	8	7	1
5	9	1	2	7	8	4	6	3
6	8	3	4	5	9	1	2	7
1	5	2	7	8	3	6	4	9
9	4	7	6	2	1	3	8	5

Puzzle # 37

6	2	9	8	5	7	1	3	4
5	4	8	2	1	3	7	9	6
1	7	3	4	6	9	5	2	8
4	1	7	5	3	8	9	6	2
8	9	6	7	2	4	3	5	1
2	3	5	1	9	6	4	8	7
7	6	4	3	8	5	2	1	9
3	8	1	9	4	2	6	7	5
9	5	2	6	7	1	8	4	3

Puzzle # 38

2	6	9	1	5	3	8	7	4
8	4	7	2	9	6	5	1	3
3	5	1	8	4	7	6	9	2
7	1	6	9	2	4	3	5	8
4	2	5	3	1	8	9	6	7
9	3	8	7	6	5	2	4	1
6	9	3	4	8	1	7	2	5
5	8	4	6	7	2	1	3	9
1	7	2	5	3	9	4	8	6

Puzzle # 39

5	7	1	6	3	2	8	9	4
6	3	8	9	5	4	7	1	2
2	9	4	7	8	1	6	5	3
3	2	9	8	4	6	1	7	5
7	1	5	3	2	9	4	6	8
4	8	6	1	7	5	2	3	9
8	6	2	5	1	3	9	4	7
1	5	7	4	9	8	3	2	6
9	4	3	2	6	7	5	8	1

Puzzle # 40

4	1	7	3	9	8	5	6	2
6	3	9	2	5	1	4	7	8
5	2	8	7	6	4	1	9	3
9	6	1	8	4	7	3	2	5
2	7	4	5	3	6	8	1	9
8	5	3	1	2	9	7	4	6
3	8	6	4	7	2	9	5	1
1	4	2	9	8	5	6	3	7
7	9	5	6	1	3	2	8	4

Puzzle # 41

3	9	5	2	6	8	4	1	7
1	2	6	4	9	7	8	5	3
7	8	4	1	5	3	2	6	9
5	4	9	8	3	6	7	2	1
2	7	3	9	4	1	6	8	5
8	6	1	7	2	5	9	3	4
9	5	8	6	1	4	3	7	2
6	3	2	5	7	9	1	4	8
4	1	7	3	8	2	5	9	6

Puzzle # 42

9	1	5	7	2	3	4	6	8
3	6	7	9	8	4	5	2	1
8	4	2	6	1	5	7	9	3
6	9	1	3	7	2	8	5	4
2	3	8	4	5	6	9	1	7
5	7	4	8	9	1	6	3	2
7	8	6	2	3	9	1	4	5
1	2	9	5	4	7	3	8	6
4	5	3	1	6	8	2	7	9

Puzzle # 43

1	8	5	9	6	3	7	2	4
7	4	9	1	8	2	3	6	5
6	2	3	4	7	5	9	1	8
8	1	4	7	2	6	5	3	9
3	6	7	5	9	4	1	8	2
5	9	2	3	1	8	4	7	6
2	7	1	6	4	9	8	5	3
9	5	8	2	3	7	6	4	1
4	3	6	8	5	1	2	9	7

Puzzle # 44

2	1	5	7	3	6	9	4	8
4	7	9	2	5	8	6	1	3
8	6	3	1	4	9	5	7	2
1	3	8	4	6	7	2	5	9
9	4	6	3	2	5	7	8	1
7	5	2	8	9	1	3	6	4
5	2	7	9	8	4	1	3	6
6	9	4	5	1	3	8	2	7
3	8	1	6	7	2	4	9	5

Puzzle # 45

3	6	1	4	9	8	2	7	5
8	4	7	2	5	1	3	9	6
9	2	5	3	6	7	8	1	4
2	1	4	8	3	6	7	5	9
7	8	9	1	4	5	6	2	3
6	5	3	7	2	9	4	8	1
1	9	2	6	7	4	5	3	8
5	7	6	9	8	3	1	4	2
4	3	8	5	1	2	9	6	7

Puzzle # 46

1	3	6	2	4	7	5	8	9
7	4	5	3	9	8	2	6	1
9	8	2	1	5	6	7	3	4
4	5	1	7	2	3	6	9	8
2	6	3	9	8	5	1	4	7
8	9	7	4	6	1	3	5	2
5	7	9	8	3	2	4	1	6
6	2	4	5	1	9	8	7	3
3	1	8	6	7	4	9	2	5

Puzzle # 47

1	3	8	4	7	2	5	6	9
9	7	5	8	3	6	1	4	2
4	2	6	1	5	9	8	7	3
7	6	4	2	1	8	9	3	5
3	5	2	9	6	7	4	1	8
8	9	1	3	4	5	6	2	7
5	1	9	6	2	3	7	8	4
6	8	3	7	9	4	2	5	1
2	4	7	5	8	1	3	9	6

Puzzle # 48

5	9	8	2	7	6	3	1	4
7	2	3	4	9	1	5	8	6
6	4	1	3	5	8	9	2	7
4	7	5	9	8	2	6	3	1
8	3	6	7	1	5	4	9	2
9	1	2	6	4	3	8	7	5
2	6	4	1	3	9	7	5	8
3	5	7	8	2	4	1	6	9
1	8	9	5	6	7	2	4	3

Puzzle # 49

5	6	7	4	3	1	2	8	9
4	3	8	5	2	9	7	1	6
2	9	1	6	7	8	4	3	5
8	5	2	9	4	3	1	6	7
9	1	3	7	8	6	5	2	4
7	4	6	1	5	2	3	9	8
3	2	4	8	9	7	6	5	1
6	8	5	2	1	4	9	7	3
1	7	9	3	6	5	8	4	2

Puzzle # 50

6	7	8	2	9	4	3	5	1
9	2	3	5	1	8	6	7	4
4	5	1	7	6	3	2	8	9
1	8	4	3	2	5	7	9	6
7	9	2	6	8	1	5	4	3
3	6	5	4	7	9	8	1	2
5	1	6	8	4	2	9	3	7
2	3	9	1	5	7	4	6	8
8	4	7	9	3	6	1	2	5

Puzzle # 51

9	1	8	7	5	4	3	6	2
2	5	3	1	9	6	8	4	7
6	4	7	8	3	2	1	5	9
4	8	1	2	7	5	9	3	6
3	6	2	4	1	9	5	7	8
5	7	9	6	8	3	2	1	4
7	2	5	9	6	1	4	8	3
1	9	6	3	4	8	7	2	5
8	3	4	5	2	7	6	9	1

Puzzle # 52

1	7	4	8	9	3	6	2	5
8	6	5	7	4	2	3	9	1
2	9	3	6	1	5	4	7	8
4	5	8	1	2	7	9	3	6
9	3	7	5	8	6	2	1	4
6	2	1	9	3	4	5	8	7
7	1	2	4	6	9	8	5	3
3	8	6	2	5	1	7	4	9
5	4	9	3	7	8	1	6	2

Puzzle # 53

8	6	3	2	9	7	4	1	5
2	1	9	4	5	3	6	8	7
5	7	4	8	6	1	9	2	3
7	2	5	3	8	6	1	4	9
9	4	6	7	1	5	8	3	2
1	3	8	9	2	4	7	5	6
4	5	2	1	7	9	3	6	8
6	9	1	5	3	8	2	7	4
3	8	7	6	4	2	5	9	1

Puzzle # 54

5	4	3	8	9	1	2	6	7
8	6	9	2	7	3	4	5	1
7	2	1	4	6	5	9	8	3
1	9	6	7	3	8	5	2	4
4	5	7	1	2	6	8	3	9
3	8	2	9	5	4	1	7	6
2	7	5	6	4	9	3	1	8
6	1	4	3	8	2	7	9	5
9	3	8	5	1	7	6	4	2

Puzzle # 55

7	8	6	9	4	3	2	5	1
2	4	9	5	1	6	3	7	8
5	1	3	2	7	8	9	6	4
3	9	8	7	6	1	4	2	5
4	6	7	3	2	5	1	8	9
1	2	5	4	8	9	6	3	7
6	5	1	8	3	4	7	9	2
9	7	4	6	5	2	8	1	3
8	3	2	1	9	7	5	4	6

Puzzle # 56

9	7	8	6	2	3	1	4	5
5	2	6	4	7	1	3	9	8
1	4	3	5	9	8	2	6	7
8	1	4	9	3	6	5	7	2
2	6	9	7	1	5	8	3	4
7	3	5	2	8	4	6	1	9
3	9	7	8	6	2	4	5	1
6	5	2	1	4	9	7	8	3
4	8	1	3	5	7	9	2	6

Puzzle # 57

8	1	6	9	7	5	4	3	2
9	7	4	6	3	2	1	5	8
5	2	3	8	1	4	7	6	9
1	5	7	3	2	9	6	8	4
4	3	9	1	8	6	5	2	7
2	6	8	4	5	7	3	9	1
3	4	5	7	9	8	2	1	6
7	8	1	2	6	3	9	4	5
6	9	2	5	4	1	8	7	3

Puzzle # 58

2	5	8	1	6	7	3	4	9
7	9	1	4	3	2	6	5	8
6	3	4	5	8	9	1	7	2
3	6	5	9	7	4	8	2	1
4	8	7	2	1	6	5	9	3
9	1	2	3	5	8	7	6	4
8	4	3	6	9	5	2	1	7
1	2	6	7	4	3	9	8	5
5	7	9	8	2	1	4	3	6

Puzzle # 59

7	8	6	5	4	2	3	9	1
5	3	9	8	1	7	6	4	2
4	2	1	6	9	3	8	7	5
1	4	5	7	2	8	9	6	3
8	9	7	1	3	6	5	2	4
3	6	2	4	5	9	7	1	8
9	1	8	2	7	5	4	3	6
6	7	4	3	8	1	2	5	9
2	5	3	9	6	4	1	8	7

Puzzle # 60

1	9	6	5	7	3	2	4	8
5	3	7	8	2	4	9	6	1
2	8	4	9	1	6	7	5	3
6	1	3	4	8	2	5	7	9
8	4	9	7	6	5	3	1	2
7	5	2	3	9	1	6	8	4
3	6	5	2	4	8	1	9	7
4	7	1	6	3	9	8	2	5
9	2	8	1	5	7	4	3	6

Puzzle # 61

3	9	6	8	7	4	2	5	1
8	1	5	6	2	9	3	7	4
4	7	2	5	3	1	8	9	6
6	4	3	9	5	2	1	8	7
2	5	7	4	1	8	6	3	9
9	8	1	7	6	3	5	4	2
7	2	8	1	4	5	9	6	3
1	6	9	3	8	7	4	2	5
5	3	4	2	9	6	7	1	8

Puzzle # 62

6	5	3	2	1	9	8	7	4
9	4	1	8	6	7	5	2	3
7	8	2	5	4	3	1	6	9
1	7	8	4	2	5	3	9	6
2	6	9	3	7	8	4	1	5
4	3	5	6	9	1	2	8	7
8	9	4	1	3	6	7	5	2
5	2	6	7	8	4	9	3	1
3	1	7	9	5	2	6	4	8

Puzzle # 63

2	9	7	3	4	5	8	1	6
8	6	5	2	1	9	7	3	4
3	4	1	7	8	6	2	5	9
9	1	3	8	7	2	6	4	5
6	8	4	5	9	1	3	7	2
5	7	2	6	3	4	1	9	8
1	5	8	9	2	3	4	6	7
7	3	6	4	5	8	9	2	1
4	2	9	1	6	7	5	8	3

Puzzle # 64

5	4	3	2	9	6	8	1	7
1	6	9	4	7	8	5	3	2
2	7	8	5	3	1	6	9	4
8	9	6	3	5	2	4	7	1
4	1	5	7	8	9	2	6	3
3	2	7	6	1	4	9	5	8
7	8	4	9	6	3	1	2	5
9	3	1	8	2	5	7	4	6
6	5	2	1	4	7	3	8	9

Puzzle # 65

3	9	7	8	2	1	6	5	4
5	8	1	6	9	4	3	2	7
6	2	4	5	7	3	9	1	8
4	5	8	7	6	2	1	9	3
2	6	9	1	3	8	4	7	5
1	7	3	9	4	5	2	8	6
8	3	6	2	5	9	7	4	1
7	1	2	4	8	6	5	3	9
9	4	5	3	1	7	8	6	2

Puzzle # 66

8	6	3	4	9	7	5	1	2
9	1	5	8	6	2	4	7	3
7	4	2	3	5	1	8	9	6
6	3	4	1	2	9	7	8	5
2	8	7	5	4	3	9	6	1
5	9	1	6	7	8	3	2	4
3	7	9	2	1	5	6	4	8
4	2	8	9	3	6	1	5	7
1	5	6	7	8	4	2	3	9

Puzzle # 67

6	7	5	2	9	4	1	8	3
9	4	3	8	1	6	2	7	5
1	8	2	3	5	7	4	6	9
4	1	6	5	7	9	8	3	2
5	9	8	6	3	2	7	4	1
2	3	7	1	4	8	9	5	6
7	6	1	4	2	5	3	9	8
3	5	4	9	8	1	6	2	7
8	2	9	7	6	3	5	1	4

Puzzle # 68

3	4	9	1	8	5	7	2	6
8	2	6	9	7	3	1	4	5
5	1	7	2	6	4	8	3	9
7	3	1	8	5	2	6	9	4
2	5	8	4	9	6	3	1	7
9	6	4	7	3	1	5	8	2
1	7	3	6	4	9	2	5	8
4	8	2	5	1	7	9	6	3
6	9	5	3	2	8	4	7	1

Puzzle # 69

5	4	6	3	2	1	8	7	9
7	8	2	9	4	6	1	5	3
3	9	1	5	7	8	6	4	2
9	1	7	6	5	3	4	2	8
4	3	8	7	9	2	5	1	6
2	6	5	1	8	4	9	3	7
6	7	3	4	1	9	2	8	5
1	2	9	8	3	5	7	6	4
8	5	4	2	6	7	3	9	1

Puzzle # 70

7	6	1	9	8	5	3	4	2
2	4	8	6	1	3	9	7	5
9	5	3	7	4	2	8	6	1
6	3	7	8	5	4	2	1	9
8	2	9	3	7	1	4	5	6
5	1	4	2	9	6	7	8	3
3	8	5	1	2	7	6	9	4
1	9	6	4	3	8	5	2	7
4	7	2	5	6	9	1	3	8

Puzzle # 71

1	5	6	3	9	2	7	8	4
3	4	7	5	6	8	9	1	2
2	8	9	1	7	4	6	5	3
4	6	3	8	2	5	1	9	7
7	2	8	9	4	1	3	6	5
9	1	5	6	3	7	4	2	8
8	7	4	2	1	9	5	3	6
6	9	2	7	5	3	8	4	1
5	3	1	4	8	6	2	7	9

Puzzle # 72

1	9	7	4	3	8	6	5	2
8	4	6	5	2	1	3	9	7
5	3	2	9	7	6	4	1	8
7	2	5	1	4	3	9	8	6
9	1	8	7	6	2	5	4	3
4	6	3	8	9	5	7	2	1
3	5	9	2	1	7	8	6	4
6	8	1	3	5	4	2	7	9
2	7	4	6	8	9	1	3	5

Puzzle # 73

7	8	4	5	3	2	9	1	6
2	5	6	1	9	8	4	7	3
1	9	3	7	6	4	2	5	8
6	7	9	4	2	5	3	8	1
3	4	8	9	1	6	5	2	7
5	2	1	8	7	3	6	4	9
8	3	7	2	5	9	1	6	4
4	6	5	3	8	1	7	9	2
9	1	2	6	4	7	8	3	5

Puzzle # 74

4	9	7	1	6	3	8	5	2
2	6	8	4	9	5	3	1	7
1	3	5	7	2	8	9	6	4
3	1	4	6	5	7	2	8	9
8	5	2	3	1	9	7	4	6
9	7	6	2	8	4	1	3	5
5	8	1	9	7	6	4	2	3
6	4	9	8	3	2	5	7	1
7	2	3	5	4	1	6	9	8

Puzzle # 75

9	2	3	4	7	8	1	6	5
4	6	1	2	5	9	3	7	8
8	7	5	3	1	6	9	4	2
1	5	2	7	8	3	4	9	6
7	4	9	6	2	1	8	5	3
6	3	8	9	4	5	7	2	1
5	9	7	8	3	2	6	1	4
2	8	6	1	9	4	5	3	7
3	1	4	5	6	7	2	8	9

Puzzle # 76

5	8	7	9	2	3	1	6	4
3	1	9	6	4	5	7	2	8
2	6	4	1	8	7	5	3	9
1	9	8	3	7	2	4	5	6
7	5	6	8	9	4	3	1	2
4	2	3	5	6	1	8	9	7
6	7	1	4	3	9	2	8	5
8	4	5	2	1	6	9	7	3
9	3	2	7	5	8	6	4	1

Puzzle # 77

6	2	7	4	8	9	1	3	5
9	1	3	5	7	2	4	8	6
5	4	8	3	6	1	2	9	7
3	5	4	2	1	6	9	7	8
8	7	6	9	4	5	3	2	1
2	9	1	8	3	7	5	6	4
7	3	2	6	5	4	8	1	9
1	8	5	7	9	3	6	4	2
4	6	9	1	2	8	7	5	3

Puzzle # 78

6	5	2	8	1	7	9	3	4
8	4	7	3	9	2	5	6	1
1	9	3	4	6	5	2	7	8
4	3	5	7	2	6	8	1	9
7	2	1	9	3	8	6	4	5
9	8	6	1	5	4	7	2	3
5	7	4	6	8	1	3	9	2
2	6	9	5	4	3	1	8	7
3	1	8	2	7	9	4	5	6

Puzzle # 79

2	7	3	8	1	5	6	9	4
6	4	1	7	2	9	5	8	3
8	9	5	6	3	4	1	7	2
7	5	9	1	8	3	2	4	6
1	8	4	2	9	6	3	5	7
3	2	6	4	5	7	9	1	8
4	6	2	5	7	1	8	3	9
5	3	7	9	6	8	4	2	1
9	1	8	3	4	2	7	6	5

Puzzle # 80

2	9	5	4	3	1	8	6	7
1	4	3	6	8	7	5	9	2
7	6	8	9	2	5	3	4	1
5	8	1	3	9	4	2	7	6
3	7	4	2	1	6	9	5	8
9	2	6	7	5	8	4	1	3
8	3	7	5	6	9	1	2	4
6	5	2	1	4	3	7	8	9
4	1	9	8	7	2	6	3	5

Puzzle # 81

8	1	7	9	6	3	4	5	2
9	4	5	1	2	7	6	3	8
6	2	3	8	5	4	1	9	7
7	8	2	5	1	9	3	4	6
1	5	6	4	3	2	8	7	9
3	9	4	6	7	8	2	1	5
4	6	8	3	9	5	7	2	1
2	3	9	7	8	1	5	6	4
5	7	1	2	4	6	9	8	3

Puzzle # 82

5	8	7	2	4	6	1	9	3
6	9	1	8	7	3	4	2	5
2	3	4	9	1	5	6	8	7
1	2	3	4	5	8	7	6	9
4	5	6	3	9	7	8	1	2
8	7	9	1	6	2	5	3	4
7	1	5	6	3	9	2	4	8
9	6	2	7	8	4	3	5	1
3	4	8	5	2	1	9	7	6

Puzzle # 83

9	3	5	1	2	6	8	7	4
1	6	8	5	7	4	2	3	9
4	2	7	9	3	8	5	6	1
6	7	1	4	9	5	3	2	8
2	8	9	3	6	7	1	4	5
3	5	4	8	1	2	6	9	7
7	4	2	6	5	1	9	8	3
5	9	6	7	8	3	4	1	2
8	1	3	2	4	9	7	5	6

Puzzle # 84

1	6	4	3	2	5	8	9	7
8	2	9	6	1	7	4	3	5
5	3	7	4	8	9	6	1	2
9	8	1	7	3	4	5	2	6
6	4	3	2	5	8	1	7	9
7	5	2	9	6	1	3	4	8
4	1	8	5	9	2	7	6	3
3	9	5	1	7	6	2	8	4
2	7	6	8	4	3	9	5	1

Puzzle # 85

1	5	8	7	4	9	2	6	3
9	4	2	6	1	3	7	8	5
7	6	3	2	8	5	1	4	9
2	8	6	5	9	4	3	7	1
3	9	7	1	2	8	6	5	4
4	1	5	3	7	6	8	9	2
5	7	1	4	6	2	9	3	8
6	3	9	8	5	1	4	2	7
8	2	4	9	3	7	5	1	6

Puzzle # 86

1	2	4	3	5	7	6	8	9
3	7	9	6	8	1	4	2	5
6	8	5	2	4	9	7	3	1
5	1	8	7	3	4	2	9	6
7	4	2	8	9	6	5	1	3
9	3	6	1	2	5	8	4	7
8	5	1	4	7	3	9	6	2
4	6	7	9	1	2	3	5	8
2	9	3	5	6	8	1	7	4

Puzzle # 87

2	1	8	3	9	4	7	5	6
3	4	5	7	6	1	8	9	2
7	9	6	8	2	5	3	4	1
4	6	2	1	7	8	5	3	9
9	3	7	4	5	2	1	6	8
5	8	1	6	3	9	4	2	7
1	7	3	2	4	6	9	8	5
8	2	9	5	1	3	6	7	4
6	5	4	9	8	7	2	1	3

Puzzle # 88

8	4	9	7	2	1	3	5	6
2	6	5	4	9	3	8	1	7
3	1	7	8	6	5	9	4	2
4	5	3	2	1	8	6	7	9
7	2	6	9	5	4	1	8	3
1	9	8	6	3	7	4	2	5
6	3	4	5	8	2	7	9	1
5	7	1	3	4	9	2	6	8
9	8	2	1	7	6	5	3	4

Puzzle # 89

2	8	1	9	3	5	4	7	6
6	4	3	2	7	1	9	5	8
7	9	5	8	6	4	3	2	1
5	2	6	1	4	3	8	9	7
1	7	9	5	2	8	6	4	3
4	3	8	6	9	7	5	1	2
3	5	2	7	8	9	1	6	4
8	1	7	4	5	6	2	3	9
9	6	4	3	1	2	7	8	5

Puzzle # 90

7	1	9	2	4	8	3	6	5
4	2	8	5	6	3	7	9	1
3	6	5	1	7	9	4	8	2
2	9	7	6	1	5	8	4	3
6	8	1	4	3	2	5	7	9
5	3	4	8	9	7	2	1	6
9	5	2	7	8	6	1	3	4
1	7	6	3	5	4	9	2	8
8	4	3	9	2	1	6	5	7

Puzzle # 91

8	4	9	2	5	6	1	3	7
3	5	6	9	7	1	8	4	2
2	1	7	3	8	4	9	6	5
5	7	2	6	9	8	4	1	3
1	9	3	4	2	7	5	8	6
4	6	8	1	3	5	7	2	9
9	2	4	5	1	3	6	7	8
7	3	1	8	6	9	2	5	4
6	8	5	7	4	2	3	9	1

Puzzle # 92

4	1	9	2	8	6	5	7	3
3	5	2	1	9	7	8	6	4
6	7	8	4	3	5	1	2	9
7	9	5	6	2	4	3	1	8
8	3	1	7	5	9	2	4	6
2	4	6	3	1	8	7	9	5
1	2	4	8	6	3	9	5	7
5	6	3	9	7	2	4	8	1
9	8	7	5	4	1	6	3	2

Puzzle # 93

4	2	1	9	5	3	6	8	7
7	6	9	4	2	8	3	1	5
8	5	3	1	6	7	9	4	2
9	3	5	6	7	4	1	2	8
1	8	2	5	3	9	7	6	4
6	4	7	8	1	2	5	3	9
5	7	8	3	4	1	2	9	6
2	1	4	7	9	6	8	5	3
3	9	6	2	8	5	4	7	1

Puzzle # 94

3	6	9	2	5	8	7	1	4
4	8	5	1	3	7	9	6	2
7	1	2	6	4	9	8	5	3
1	9	3	7	8	5	4	2	6
5	2	6	9	1	4	3	7	8
8	7	4	3	2	6	1	9	5
9	4	7	8	6	2	5	3	1
2	5	1	4	9	3	6	8	7
6	3	8	5	7	1	2	4	9

Puzzle # 95

4	6	3	9	2	7	8	5	1
5	9	8	6	4	1	3	7	2
1	2	7	3	8	5	9	4	6
9	8	5	7	6	4	1	2	3
6	4	2	1	9	3	7	8	5
7	3	1	8	5	2	6	9	4
3	5	9	4	1	8	2	6	7
2	1	6	5	7	9	4	3	8
8	7	4	2	3	6	5	1	9

Puzzle # 96

5	3	2	6	8	1	9	7	4
4	1	8	7	2	9	5	3	6
6	7	9	5	3	4	1	2	8
2	4	1	8	6	5	3	9	7
7	9	3	1	4	2	6	8	5
8	5	6	3	9	7	2	4	1
9	2	7	4	5	6	8	1	3
3	6	4	2	1	8	7	5	9
1	8	5	9	7	3	4	6	2

Puzzle # 97

9	7	3	5	4	6	8	1	2
2	8	1	3	9	7	5	6	4
6	4	5	2	8	1	7	9	3
7	3	4	8	6	5	9	2	1
8	2	6	9	1	4	3	7	5
1	5	9	7	2	3	6	4	8
3	1	7	6	5	2	4	8	9
5	9	2	4	7	8	1	3	6
4	6	8	1	3	9	2	5	7

Puzzle # 98

4	8	7	3	6	2	9	5	1
6	3	9	7	1	5	4	8	2
5	1	2	9	4	8	7	6	3
2	7	3	8	9	4	6	1	5
9	6	1	5	7	3	2	4	8
8	4	5	6	2	1	3	9	7
7	5	4	2	8	6	1	3	9
1	2	8	4	3	9	5	7	6
3	9	6	1	5	7	8	2	4

Puzzle # 99

2	5	4	3	1	9	8	7	6
8	1	6	2	7	5	9	4	3
3	7	9	8	6	4	1	5	2
5	9	1	7	3	6	2	8	4
6	2	8	5	4	1	3	9	7
4	3	7	9	8	2	6	1	5
1	6	5	4	9	3	7	2	8
7	4	3	1	2	8	5	6	9
9	8	2	6	5	7	4	3	1

Puzzle # 100

5	4	7	3	2	9	8	6	1
6	9	8	5	1	4	3	2	7
2	3	1	6	7	8	9	5	4
7	5	3	9	4	1	2	8	6
4	8	6	2	5	3	1	7	9
9	1	2	7	8	6	5	4	3
3	7	5	4	9	2	6	1	8
8	6	4	1	3	5	7	9	2
1	2	9	8	6	7	4	3	5

Answers: Medium

Puzzle # 1

4	7	8	3	6	2	9	1	5
9	2	5	7	4	1	6	8	3
3	6	1	8	9	5	4	7	2
1	8	4	9	2	6	5	3	7
6	3	2	4	5	7	1	9	8
7	5	9	1	8	3	2	4	6
2	1	7	5	3	4	8	6	9
8	4	6	2	7	9	3	5	1
5	9	3	6	1	8	7	2	4

Puzzle # 2

8	3	5	7	4	9	6	1	2
1	4	6	2	5	8	9	3	7
7	2	9	1	6	3	4	8	5
6	7	2	4	3	1	8	5	9
5	8	3	9	7	2	1	6	4
4	9	1	5	8	6	7	2	3
2	5	4	8	1	7	3	9	6
3	1	7	6	9	5	2	4	8
9	6	8	3	2	4	5	7	1

Puzzle # 3

1	7	3	2	9	8	6	4	5
2	8	5	3	6	4	9	1	7
6	9	4	7	5	1	3	2	8
5	1	7	9	3	2	8	6	4
4	6	9	5	8	7	2	3	1
3	2	8	4	1	6	7	5	9
8	4	6	1	7	3	5	9	2
9	3	1	8	2	5	4	7	6
7	5	2	6	4	9	1	8	3

Puzzle # 4

5	1	3	8	4	2	7	6	9
2	4	7	3	6	9	8	5	1
6	9	8	5	1	7	4	3	2
3	6	2	9	8	5	1	7	4
4	8	5	7	2	1	6	9	3
1	7	9	6	3	4	2	8	5
9	2	6	4	5	8	3	1	7
7	3	1	2	9	6	5	4	8
8	5	4	1	7	3	9	2	6

Puzzle # 5

2	3	8	5	9	4	7	1	6
9	4	5	1	7	6	2	3	8
1	7	6	3	8	2	9	4	5
5	8	2	6	3	9	4	7	1
6	1	3	8	4	7	5	9	2
7	9	4	2	1	5	8	6	3
3	6	9	4	2	8	1	5	7
4	2	1	7	5	3	6	8	9
8	5	7	9	6	1	3	2	4

Puzzle # 6

5	2	3	6	8	4	9	7	1
4	6	9	3	1	7	5	2	8
8	1	7	9	5	2	6	3	4
3	7	8	4	2	6	1	9	5
1	5	2	8	3	9	4	6	7
6	9	4	1	7	5	2	8	3
9	4	5	7	6	3	8	1	2
2	3	1	5	9	8	7	4	6
7	8	6	2	4	1	3	5	9

Puzzle # 7

8	3	9	6	1	2	5	7	4
5	4	1	7	3	9	8	2	6
2	7	6	4	8	5	9	3	1
9	1	7	3	2	8	6	4	5
4	8	2	1	5	6	3	9	7
6	5	3	9	7	4	2	1	8
1	6	5	2	9	7	4	8	3
3	9	8	5	4	1	7	6	2
7	2	4	8	6	3	1	5	9

Puzzle # 8

9	6	8	3	2	7	4	1	5
7	3	2	5	4	1	8	9	6
1	5	4	6	8	9	2	3	7
3	4	9	1	7	2	6	5	8
2	8	1	9	6	5	7	4	3
5	7	6	8	3	4	1	2	9
4	9	7	2	5	6	3	8	1
6	1	3	4	9	8	5	7	2
8	2	5	7	1	3	9	6	4

Puzzle # 9

6	3	8	9	7	2	5	4	1
9	7	4	5	8	1	2	6	3
1	5	2	3	6	4	8	7	9
8	9	1	7	2	6	3	5	4
2	6	7	4	5	3	9	1	8
3	4	5	8	1	9	6	2	7
7	2	6	1	3	8	4	9	5
4	1	3	2	9	5	7	8	6
5	8	9	6	4	7	1	3	2

Puzzle # 10

7	3	1	9	2	8	6	4	5
2	5	8	6	1	4	7	3	9
4	9	6	3	7	5	1	2	8
5	4	2	8	6	3	9	7	1
1	6	3	2	9	7	5	8	4
8	7	9	4	5	1	3	6	2
9	8	7	1	4	6	2	5	3
3	2	5	7	8	9	4	1	6
6	1	4	5	3	2	8	9	7

Puzzle # 11

9	7	5	2	1	3	8	6	4
3	2	4	6	8	9	7	1	5
8	1	6	7	5	4	3	2	9
6	9	2	5	7	8	4	3	1
5	4	1	3	2	6	9	8	7
7	8	3	4	9	1	2	5	6
1	3	7	9	6	2	5	4	8
2	6	9	8	4	5	1	7	3
4	5	8	1	3	7	6	9	2

Puzzle # 12

8	2	7	4	6	9	3	1	5
1	5	4	8	3	7	2	9	6
9	6	3	2	1	5	4	8	7
3	8	5	7	4	1	6	2	9
4	9	1	6	2	8	7	5	3
2	7	6	9	5	3	8	4	1
7	4	8	5	9	6	1	3	2
6	3	9	1	8	2	5	7	4
5	1	2	3	7	4	9	6	8

Puzzle # 13

2	9	1	5	6	7	4	3	8
7	8	3	9	4	2	5	6	1
6	4	5	3	1	8	2	9	7
4	5	2	7	3	6	1	8	9
3	7	9	8	2	1	6	5	4
1	6	8	4	5	9	3	7	2
8	1	6	2	9	5	7	4	3
5	3	7	1	8	4	9	2	6
9	2	4	6	7	3	8	1	5

Puzzle # 14

9	4	3	5	8	6	1	2	7
1	7	6	4	9	2	5	3	8
5	8	2	1	7	3	6	4	9
2	1	5	8	4	9	3	7	6
6	9	7	2	3	1	8	5	4
8	3	4	6	5	7	2	9	1
7	2	8	9	1	5	4	6	3
3	6	1	7	2	4	9	8	5
4	5	9	3	6	8	7	1	2

Puzzle # 15

7	1	5	9	4	6	2	3	8
3	9	4	1	2	8	6	7	5
8	2	6	3	5	7	9	4	1
4	5	9	7	8	1	3	6	2
6	3	1	2	9	5	7	8	4
2	8	7	6	3	4	5	1	9
1	4	3	5	6	9	8	2	7
5	7	2	8	1	3	4	9	6
9	6	8	4	7	2	1	5	3

Puzzle # 16

8	2	9	7	4	3	5	6	1
4	1	5	2	6	8	7	3	9
7	6	3	1	5	9	8	4	2
2	5	4	6	8	1	9	7	3
6	3	8	4	9	7	1	2	5
1	9	7	5	3	2	6	8	4
5	8	6	9	2	4	3	1	7
9	7	2	3	1	6	4	5	8
3	4	1	8	7	5	2	9	6

Puzzle # 17

5	9	6	8	1	2	3	4	7
2	4	7	3	5	9	6	1	8
1	3	8	4	6	7	9	5	2
6	8	9	2	3	1	5	7	4
4	5	1	7	8	6	2	9	3
3	7	2	5	9	4	8	6	1
8	6	5	1	4	3	7	2	9
7	1	3	9	2	5	4	8	6
9	2	4	6	7	8	1	3	5

Puzzle # 18

9	6	3	8	4	1	5	2	7
1	8	5	3	7	2	6	9	4
4	7	2	9	5	6	1	8	3
5	4	9	6	1	8	3	7	2
6	2	8	4	3	7	9	1	5
3	1	7	2	9	5	4	6	8
7	3	4	1	2	9	8	5	6
2	9	6	5	8	4	7	3	1
8	5	1	7	6	3	2	4	9

Puzzle # 19

1	8	5	6	7	4	9	3	2
7	3	9	1	2	8	5	4	6
6	2	4	9	5	3	1	8	7
8	6	1	2	4	5	3	7	9
5	4	3	7	6	9	8	2	1
2	9	7	3	8	1	4	6	5
4	5	2	8	1	7	6	9	3
9	1	6	4	3	2	7	5	8
3	7	8	5	9	6	2	1	4

Puzzle # 20

8	1	2	3	5	7	9	6	4
7	6	4	2	9	8	1	5	3
3	5	9	4	1	6	8	2	7
9	2	8	1	3	5	7	4	6
6	3	1	7	4	2	5	8	9
5	4	7	6	8	9	2	3	1
2	8	3	9	7	4	6	1	5
4	7	6	5	2	1	3	9	8
1	9	5	8	6	3	4	7	2

Puzzle # 21

6	5	4	9	2	7	1	3	8
3	2	9	5	1	8	4	6	7
7	1	8	4	6	3	5	2	9
4	8	5	2	3	9	6	7	1
9	3	2	6	7	1	8	4	5
1	7	6	8	4	5	2	9	3
5	6	3	7	8	2	9	1	4
2	9	1	3	5	4	7	8	6
8	4	7	1	9	6	3	5	2

Puzzle # 22

1	7	6	3	5	9	2	8	4
2	5	8	6	7	4	3	9	1
4	3	9	2	1	8	5	6	7
8	4	3	1	6	5	7	2	9
7	2	1	9	4	3	6	5	8
6	9	5	7	8	2	4	1	3
9	1	4	5	2	7	8	3	6
5	6	7	8	3	1	9	4	2
3	8	2	4	9	6	1	7	5

Puzzle # 23

6	3	1	2	4	8	5	7	9
2	5	9	3	1	7	4	8	6
8	4	7	6	5	9	1	2	3
4	6	3	5	7	2	9	1	8
9	1	2	8	6	3	7	5	4
5	7	8	4	9	1	3	6	2
7	2	5	9	3	6	8	4	1
3	8	4	1	2	5	6	9	7
1	9	6	7	8	4	2	3	5

Puzzle # 24

8	2	4	1	6	7	3	5	9
5	9	6	2	8	3	7	1	4
7	1	3	9	4	5	2	6	8
4	8	2	6	7	1	9	3	5
1	3	7	4	5	9	8	2	6
6	5	9	3	2	8	1	4	7
3	6	8	5	9	2	4	7	1
2	7	5	8	1	4	6	9	3
9	4	1	7	3	6	5	8	2

Puzzle # 25

7	8	2	9	6	4	5	3	1
5	9	4	3	8	1	7	6	2
6	1	3	2	7	5	9	4	8
1	2	7	5	3	8	6	9	4
3	4	9	7	1	6	8	2	5
8	5	6	4	9	2	1	7	3
9	7	8	1	4	3	2	5	6
4	6	5	8	2	7	3	1	9
2	3	1	6	5	9	4	8	7

Puzzle # 26

5	1	9	8	2	4	3	6	7
8	2	7	1	3	6	4	9	5
4	6	3	7	9	5	8	1	2
1	8	4	5	7	9	6	2	3
3	7	6	4	8	2	9	5	1
9	5	2	3	6	1	7	4	8
7	4	5	9	1	3	2	8	6
6	3	1	2	4	8	5	7	9
2	9	8	6	5	7	1	3	4

Puzzle # 27

9	1	3	8	5	4	7	2	6
6	5	4	2	7	1	9	8	3
8	2	7	6	9	3	5	4	1
1	7	6	9	8	2	3	5	4
2	4	8	1	3	5	6	7	9
3	9	5	4	6	7	8	1	2
5	6	1	7	4	9	2	3	8
4	3	9	5	2	8	1	6	7
7	8	2	3	1	6	4	9	5

Puzzle # 28

9	3	2	1	5	8	7	4	6
5	1	6	2	4	7	3	9	8
7	4	8	6	3	9	1	2	5
8	2	7	4	9	1	6	5	3
3	5	9	7	8	6	2	1	4
4	6	1	3	2	5	8	7	9
2	9	3	8	1	4	5	6	7
6	8	4	5	7	2	9	3	1
1	7	5	9	6	3	4	8	2

Puzzle # 29

8	5	7	2	4	9	6	1	3
9	6	3	7	1	5	4	2	8
1	2	4	3	8	6	7	5	9
6	9	5	1	2	8	3	4	7
7	4	2	5	9	3	8	6	1
3	8	1	6	7	4	5	9	2
5	7	9	8	6	2	1	3	4
4	1	6	9	3	7	2	8	5
2	3	8	4	5	1	9	7	6

Puzzle # 30

7	3	8	5	6	2	4	1	9
6	9	1	3	7	4	8	5	2
2	5	4	1	8	9	3	7	6
9	2	6	7	4	3	5	8	1
4	7	5	9	1	8	2	6	3
1	8	3	2	5	6	7	9	4
5	4	9	8	3	1	6	2	7
3	1	7	6	2	5	9	4	8
8	6	2	4	9	7	1	3	5

Puzzle # 31

5	1	8	7	2	3	4	9	6
4	3	6	1	5	9	8	7	2
9	7	2	8	4	6	5	3	1
7	8	9	2	6	5	1	4	3
1	2	3	9	7	4	6	8	5
6	5	4	3	8	1	7	2	9
2	4	1	6	3	7	9	5	8
8	9	5	4	1	2	3	6	7
3	6	7	5	9	8	2	1	4

Puzzle # 32

5	1	8	7	4	9	6	2	3
9	6	4	2	1	3	7	8	5
2	7	3	8	6	5	1	9	4
7	3	2	1	5	8	9	4	6
8	5	1	4	9	6	3	7	2
4	9	6	3	2	7	8	5	1
6	2	9	5	7	1	4	3	8
1	8	5	9	3	4	2	6	7
3	4	7	6	8	2	5	1	9

Puzzle # 33

8	5	1	4	7	6	3	9	2
4	9	6	3	8	2	5	1	7
3	7	2	5	1	9	4	8	6
6	4	9	2	3	7	1	5	8
5	1	8	6	9	4	7	2	3
2	3	7	8	5	1	9	6	4
7	2	3	1	6	5	8	4	9
9	6	5	7	4	8	2	3	1
1	8	4	9	2	3	6	7	5

Puzzle # 34

8	2	5	3	4	9	1	6	7
1	4	7	5	2	6	3	9	8
9	3	6	8	7	1	2	4	5
6	5	9	2	3	7	8	1	4
3	8	4	9	1	5	6	7	2
2	7	1	6	8	4	9	5	3
4	9	8	7	6	2	5	3	1
5	1	3	4	9	8	7	2	6
7	6	2	1	5	3	4	8	9

Puzzle # 35

8	2	4	9	3	1	5	6	7
6	5	7	8	4	2	3	9	1
1	9	3	7	6	5	8	4	2
4	8	9	1	5	7	6	2	3
2	6	1	3	8	4	7	5	9
7	3	5	2	9	6	1	8	4
3	4	2	6	1	8	9	7	5
9	7	8	5	2	3	4	1	6
5	1	6	4	7	9	2	3	8

Puzzle # 36

9	1	2	3	5	7	6	4	8
7	3	5	4	8	6	1	9	2
6	4	8	1	9	2	5	7	3
5	2	9	8	3	1	4	6	7
4	7	3	2	6	9	8	5	1
8	6	1	7	4	5	3	2	9
2	5	7	6	1	8	9	3	4
3	8	6	9	7	4	2	1	5
1	9	4	5	2	3	7	8	6

Puzzle # 37

8	3	4	1	5	9	7	2	6
5	2	7	3	8	6	4	9	1
1	9	6	7	4	2	5	8	3
3	7	9	6	2	5	8	1	4
6	5	1	8	7	4	2	3	9
2	4	8	9	1	3	6	5	7
4	8	3	2	6	1	9	7	5
9	6	2	5	3	7	1	4	8
7	1	5	4	9	8	3	6	2

Puzzle # 38

5	8	9	6	7	1	3	2	4
7	2	1	3	4	5	9	8	6
6	3	4	8	2	9	1	5	7
9	1	6	2	8	7	5	4	3
8	7	3	9	5	4	6	1	2
2	4	5	1	6	3	8	7	9
3	5	8	4	9	2	7	6	1
4	9	7	5	1	6	2	3	8
1	6	2	7	3	8	4	9	5

Puzzle # 39

3	1	5	7	6	8	4	9	2
7	4	6	2	9	5	1	3	8
8	2	9	1	4	3	6	7	5
4	9	7	6	2	1	5	8	3
6	8	2	5	3	4	9	1	7
5	3	1	9	8	7	2	6	4
1	5	8	4	7	9	3	2	6
9	6	3	8	5	2	7	4	1
2	7	4	3	1	6	8	5	9

Puzzle # 40

1	5	7	2	6	3	9	4	8
9	2	4	5	8	1	6	3	7
8	3	6	9	4	7	1	2	5
5	7	2	4	1	6	8	9	3
3	1	9	8	2	5	7	6	4
4	6	8	7	3	9	2	5	1
6	8	5	3	7	2	4	1	9
7	9	1	6	5	4	3	8	2
2	4	3	1	9	8	5	7	6

Puzzle # 41

5	6	9	4	3	8	1	7	2
8	1	2	5	9	7	4	6	3
4	7	3	1	2	6	9	5	8
6	8	4	2	5	9	3	1	7
9	3	1	7	6	4	2	8	5
7	2	5	8	1	3	6	9	4
2	9	6	3	8	5	7	4	1
3	5	7	9	4	1	8	2	6
1	4	8	6	7	2	5	3	9

Puzzle # 42

8	3	1	4	9	6	5	2	7
5	2	9	7	1	3	8	4	6
7	6	4	5	8	2	3	9	1
3	9	6	8	4	7	1	5	2
2	5	8	1	3	9	6	7	4
4	1	7	6	2	5	9	3	8
6	8	3	2	5	4	7	1	9
9	7	2	3	6	1	4	8	5
1	4	5	9	7	8	2	6	3

Puzzle # 43

2	9	3	8	7	6	4	5	1
7	5	4	3	9	1	6	2	8
6	1	8	4	5	2	9	3	7
3	2	9	6	1	8	7	4	5
5	4	1	9	3	7	8	6	2
8	7	6	5	2	4	3	1	9
4	8	2	1	6	9	5	7	3
9	3	7	2	4	5	1	8	6
1	6	5	7	8	3	2	9	4

Puzzle # 44

9	4	6	5	1	7	2	8	3
5	3	1	2	6	8	9	7	4
2	7	8	3	4	9	6	1	5
3	9	7	4	2	1	8	5	6
6	8	2	7	9	5	3	4	1
4	1	5	6	8	3	7	2	9
7	2	4	1	3	6	5	9	8
8	5	3	9	7	4	1	6	2
1	6	9	8	5	2	4	3	7

Puzzle # 45

5	3	8	1	4	9	6	2	7
9	6	2	5	7	8	3	1	4
7	4	1	2	6	3	5	9	8
3	7	4	9	1	6	2	8	5
8	2	6	4	3	5	9	7	1
1	5	9	7	8	2	4	6	3
4	8	5	6	2	7	1	3	9
6	1	7	3	9	4	8	5	2
2	9	3	8	5	1	7	4	6

Puzzle # 46

1	4	7	2	9	8	5	3	6
9	3	6	7	4	5	8	2	1
5	2	8	3	6	1	4	9	7
4	8	2	1	7	9	3	6	5
7	9	1	6	5	3	2	4	8
6	5	3	4	8	2	7	1	9
8	6	5	9	2	4	1	7	3
2	1	9	8	3	7	6	5	4
3	7	4	5	1	6	9	8	2

Puzzle # 47

1	9	6	8	5	7	3	2	4
7	4	8	2	6	3	5	1	9
2	3	5	4	9	1	8	7	6
4	2	7	6	8	9	1	3	5
6	5	3	7	1	4	9	8	2
8	1	9	5	3	2	6	4	7
9	8	2	3	4	5	7	6	1
3	7	1	9	2	6	4	5	8
5	6	4	1	7	8	2	9	3

Puzzle # 48

1	7	6	2	8	5	4	3	9
4	3	8	1	7	9	2	6	5
2	5	9	6	4	3	7	1	8
9	6	1	7	2	8	3	5	4
8	4	7	3	5	1	6	9	2
5	2	3	4	9	6	1	8	7
6	8	2	5	3	4	9	7	1
3	9	4	8	1	7	5	2	6
7	1	5	9	6	2	8	4	3

Puzzle # 49

4	9	3	6	8	2	5	7	1
8	7	6	1	4	5	3	9	2
2	1	5	3	7	9	6	4	8
1	6	8	5	3	7	9	2	4
7	5	9	8	2	4	1	3	6
3	4	2	9	1	6	7	8	5
6	8	7	2	9	1	4	5	3
9	2	1	4	5	3	8	6	7
5	3	4	7	6	8	2	1	9

Puzzle # 50

6	9	8	1	4	3	2	5	7
4	3	1	7	2	5	6	9	8
7	5	2	9	6	8	4	1	3
5	2	4	3	1	6	7	8	9
1	6	7	8	5	9	3	4	2
9	8	3	2	7	4	1	6	5
8	7	6	4	9	2	5	3	1
3	1	5	6	8	7	9	2	4
2	4	9	5	3	1	8	7	6

Puzzle # 51

1	7	8	3	9	6	2	5	4
9	4	6	7	5	2	8	3	1
3	5	2	1	4	8	7	6	9
7	2	9	6	8	1	3	4	5
8	1	4	2	3	5	6	9	7
6	3	5	4	7	9	1	2	8
5	6	1	9	2	7	4	8	3
4	9	7	8	6	3	5	1	2
2	8	3	5	1	4	9	7	6

Puzzle # 52

8	2	9	1	4	5	3	7	6
1	5	3	9	7	6	8	2	4
4	6	7	2	8	3	9	1	5
6	9	4	7	5	8	1	3	2
3	1	5	6	2	9	7	4	8
7	8	2	3	1	4	5	6	9
9	7	8	4	3	2	6	5	1
5	4	1	8	6	7	2	9	3
2	3	6	5	9	1	4	8	7

Puzzle # 53

8	1	5	6	7	3	9	4	2
3	9	2	8	4	5	1	7	6
7	6	4	2	1	9	8	5	3
2	3	7	4	6	8	5	9	1
1	8	9	5	3	2	4	6	7
4	5	6	1	9	7	3	2	8
6	2	3	9	8	4	7	1	5
5	4	8	7	2	1	6	3	9
9	7	1	3	5	6	2	8	4

Puzzle # 54

8	5	7	2	4	6	1	9	3
3	6	1	8	7	9	5	4	2
9	2	4	1	3	5	8	7	6
4	3	2	9	5	1	6	8	7
1	8	5	7	6	3	9	2	4
6	7	9	4	8	2	3	1	5
2	9	3	5	1	4	7	6	8
5	4	8	6	9	7	2	3	1
7	1	6	3	2	8	4	5	9

Puzzle # 55

7	8	9	6	1	5	3	2	4
3	6	2	4	7	8	1	9	5
5	1	4	2	9	3	8	7	6
8	4	3	5	2	7	9	6	1
1	2	7	9	6	4	5	8	3
9	5	6	8	3	1	2	4	7
6	3	8	7	5	9	4	1	2
2	9	5	1	4	6	7	3	8
4	7	1	3	8	2	6	5	9

Puzzle # 56

2	7	9	8	3	1	5	6	4
8	3	4	5	6	9	1	2	7
1	6	5	4	2	7	9	3	8
7	1	8	9	4	2	3	5	6
3	5	2	6	1	8	7	4	9
9	4	6	3	7	5	8	1	2
5	2	1	7	9	4	6	8	3
4	9	3	1	8	6	2	7	5
6	8	7	2	5	3	4	9	1

Puzzle # 57

5	9	7	1	6	4	8	3	2
8	4	6	3	5	2	1	9	7
2	3	1	9	7	8	6	4	5
1	7	9	4	2	5	3	6	8
6	2	4	8	3	9	5	7	1
3	5	8	7	1	6	4	2	9
4	1	5	6	9	7	2	8	3
9	8	3	2	4	1	7	5	6
7	6	2	5	8	3	9	1	4

Puzzle # 58

9	3	1	4	8	2	7	5	6
7	6	5	3	9	1	4	2	8
4	2	8	6	7	5	1	3	9
8	5	6	7	1	3	2	9	4
3	4	2	8	5	9	6	7	1
1	7	9	2	4	6	3	8	5
5	9	3	1	6	7	8	4	2
2	1	4	9	3	8	5	6	7
6	8	7	5	2	4	9	1	3

Puzzle # 59

7	6	8	3	5	4	1	9	2
3	4	5	1	9	2	7	6	8
9	1	2	8	6	7	5	3	4
5	8	7	6	2	9	3	4	1
6	9	4	7	1	3	8	2	5
2	3	1	5	4	8	6	7	9
4	7	3	2	8	5	9	1	6
1	5	9	4	7	6	2	8	3
8	2	6	9	3	1	4	5	7

Puzzle # 60

6	4	7	8	2	9	1	3	5
2	3	5	6	7	1	9	4	8
8	1	9	4	3	5	6	2	7
3	2	1	7	5	8	4	6	9
4	5	8	9	6	3	2	7	1
9	7	6	2	1	4	8	5	3
1	6	4	3	8	7	5	9	2
5	9	3	1	4	2	7	8	6
7	8	2	5	9	6	3	1	4

Puzzle # 61

6	5	3	7	9	4	1	2	8
4	7	8	2	1	3	9	5	6
1	9	2	6	8	5	7	4	3
3	4	6	1	5	8	2	7	9
7	8	5	9	4	2	3	6	1
2	1	9	3	6	7	5	8	4
8	2	7	4	3	1	6	9	5
5	6	1	8	2	9	4	3	7
9	3	4	5	7	6	8	1	2

Puzzle # 62

5	9	7	3	4	8	1	6	2
8	3	1	7	2	6	4	5	9
2	6	4	9	1	5	8	3	7
1	2	5	4	8	9	3	7	6
3	4	9	6	7	1	2	8	5
7	8	6	5	3	2	9	4	1
6	5	8	1	9	4	7	2	3
4	1	3	2	6	7	5	9	8
9	7	2	8	5	3	6	1	4

Puzzle # 63

3	6	1	8	7	4	2	5	9
9	7	4	5	3	2	6	1	8
2	8	5	9	1	6	3	4	7
4	9	8	3	2	5	7	6	1
6	1	2	7	4	8	5	9	3
5	3	7	6	9	1	8	2	4
7	2	3	1	5	9	4	8	6
1	4	6	2	8	7	9	3	5
8	5	9	4	6	3	1	7	2

Puzzle # 64

2	5	7	4	1	6	8	9	3
9	8	4	5	3	7	1	2	6
6	3	1	8	2	9	4	7	5
5	1	9	3	6	2	7	4	8
4	6	2	7	5	8	9	3	1
8	7	3	9	4	1	5	6	2
7	2	8	6	9	5	3	1	4
1	4	5	2	7	3	6	8	9
3	9	6	1	8	4	2	5	7

Puzzle # 65

4	6	5	2	3	7	9	1	8
2	7	9	1	8	4	5	6	3
8	1	3	9	5	6	4	7	2
9	2	7	6	1	3	8	4	5
6	3	4	8	2	5	1	9	7
5	8	1	7	4	9	3	2	6
7	4	8	3	9	2	6	5	1
1	9	2	5	6	8	7	3	4
3	5	6	4	7	1	2	8	9

Puzzle # 66

5	6	4	7	3	2	1	9	8
7	2	8	5	1	9	6	3	4
3	9	1	4	6	8	7	5	2
4	3	5	9	8	7	2	6	1
1	8	9	2	5	6	3	4	7
6	7	2	3	4	1	5	8	9
8	1	3	6	7	4	9	2	5
2	4	6	1	9	5	8	7	3
9	5	7	8	2	3	4	1	6

Puzzle # 67

5	9	8	4	7	3	6	1	2
1	2	3	6	9	8	5	7	4
7	6	4	2	5	1	8	9	3
2	7	9	1	8	4	3	5	6
3	1	5	9	2	6	7	4	8
8	4	6	5	3	7	9	2	1
4	3	7	8	1	9	2	6	5
9	5	1	3	6	2	4	8	7
6	8	2	7	4	5	1	3	9

Puzzle # 68

8	3	6	9	7	2	4	5	1
5	7	9	4	1	3	8	6	2
2	1	4	5	8	6	9	3	7
3	6	1	7	4	5	2	8	9
9	2	5	1	6	8	7	4	3
7	4	8	2	3	9	6	1	5
1	8	2	6	5	7	3	9	4
4	9	3	8	2	1	5	7	6
6	5	7	3	9	4	1	2	8

Puzzle # 69

6	8	5	2	1	7	9	3	4
2	1	7	3	4	9	8	5	6
3	9	4	5	6	8	2	7	1
1	7	3	8	2	6	5	4	9
8	6	9	7	5	4	3	1	2
5	4	2	9	3	1	7	6	8
4	3	8	6	9	5	1	2	7
7	5	6	1	8	2	4	9	3
9	2	1	4	7	3	6	8	5

Puzzle # 70

7	3	6	9	8	2	1	5	4
8	4	1	3	7	5	6	2	9
5	9	2	1	4	6	7	3	8
6	7	9	5	3	8	4	1	2
2	8	3	4	6	1	5	9	7
1	5	4	7	2	9	3	8	6
9	1	8	6	5	4	2	7	3
3	6	5	2	9	7	8	4	1
4	2	7	8	1	3	9	6	5

Puzzle # 71

6	9	8	3	5	7	2	4	1
2	7	5	9	1	4	8	6	3
4	3	1	8	6	2	5	7	9
1	2	9	7	8	5	4	3	6
8	4	3	6	9	1	7	2	5
5	6	7	2	4	3	1	9	8
3	5	2	1	7	9	6	8	4
7	1	6	4	3	8	9	5	2
9	8	4	5	2	6	3	1	7

Puzzle # 72

8	7	5	9	6	3	4	1	2
1	3	9	2	4	7	8	5	6
6	2	4	5	8	1	3	9	7
7	6	1	8	2	4	5	3	9
9	5	8	7	3	6	1	2	4
3	4	2	1	9	5	6	7	8
2	8	3	6	1	9	7	4	5
4	9	7	3	5	8	2	6	1
5	1	6	4	7	2	9	8	3

Puzzle # 73

1	6	4	5	7	3	8	2	9
8	7	9	6	2	4	5	3	1
3	5	2	8	9	1	7	4	6
9	4	7	3	8	5	6	1	2
5	3	8	2	1	6	9	7	4
2	1	6	9	4	7	3	8	5
4	9	5	1	3	8	2	6	7
7	2	3	4	6	9	1	5	8
6	8	1	7	5	2	4	9	3

Puzzle # 74

5	3	8	6	2	9	1	7	4
1	9	6	7	8	4	2	3	5
7	2	4	3	1	5	9	6	8
9	8	7	1	4	6	5	2	3
2	4	1	5	9	3	7	8	6
3	6	5	2	7	8	4	1	9
8	5	2	9	6	7	3	4	1
4	1	9	8	3	2	6	5	7
6	7	3	4	5	1	8	9	2

Puzzle # 75

5	8	9	6	4	7	2	3	1
6	1	3	2	5	9	4	8	7
2	7	4	3	8	1	6	9	5
3	9	5	1	6	4	7	2	8
7	6	1	9	2	8	3	5	4
8	4	2	7	3	5	1	6	9
1	3	7	5	9	2	8	4	6
4	5	6	8	7	3	9	1	2
9	2	8	4	1	6	5	7	3

Puzzle # 76

2	9	3	6	8	5	4	1	7
5	7	6	9	4	1	8	2	3
8	4	1	3	7	2	6	5	9
9	1	4	7	3	8	2	6	5
6	5	8	2	1	9	3	7	4
7	3	2	5	6	4	9	8	1
4	2	5	8	9	7	1	3	6
1	6	7	4	2	3	5	9	8
3	8	9	1	5	6	7	4	2

Puzzle # 77

1	8	4	6	9	2	5	3	7
5	9	6	7	3	1	4	2	8
3	2	7	4	8	5	1	6	9
7	1	3	5	4	8	6	9	2
6	4	2	3	1	9	8	7	5
8	5	9	2	6	7	3	4	1
4	7	1	9	5	3	2	8	6
2	3	8	1	7	6	9	5	4
9	6	5	8	2	4	7	1	3

Puzzle # 78

6	2	9	3	7	1	5	4	8
3	7	5	4	2	8	9	6	1
8	1	4	6	9	5	2	3	7
5	8	6	1	3	7	4	2	9
2	4	1	9	8	6	7	5	3
7	9	3	5	4	2	8	1	6
9	6	2	8	1	4	3	7	5
4	5	8	7	6	3	1	9	2
1	3	7	2	5	9	6	8	4

Puzzle # 79

1	6	5	3	2	8	7	4	9
9	7	4	1	6	5	8	2	3
8	3	2	4	9	7	6	1	5
5	2	7	6	1	4	9	3	8
3	9	1	8	7	2	4	5	6
6	4	8	5	3	9	1	7	2
7	8	6	2	5	1	3	9	4
2	1	3	9	4	6	5	8	7
4	5	9	7	8	3	2	6	1

Puzzle # 80

5	3	2	4	9	1	7	6	8
8	9	6	3	5	7	1	2	4
4	1	7	6	2	8	9	3	5
1	8	5	7	6	9	3	4	2
6	2	9	8	3	4	5	1	7
3	7	4	2	1	5	6	8	9
2	5	3	9	4	6	8	7	1
7	6	1	5	8	2	4	9	3
9	4	8	1	7	3	2	5	6

Puzzle # 81

6	3	7	1	4	2	9	5	8
8	9	1	3	6	5	7	2	4
5	2	4	9	8	7	3	6	1
4	8	9	6	2	1	5	7	3
2	1	6	5	7	3	4	8	9
3	7	5	8	9	4	2	1	6
7	5	8	4	3	6	1	9	2
9	4	2	7	1	8	6	3	5
1	6	3	2	5	9	8	4	7

Puzzle # 82

3	6	4	8	5	1	7	2	9
7	9	8	6	4	2	3	1	5
2	1	5	3	7	9	8	4	6
9	5	2	1	3	7	4	6	8
8	7	6	9	2	4	5	3	1
1	4	3	5	6	8	2	9	7
6	3	1	4	8	5	9	7	2
5	2	9	7	1	3	6	8	4
4	8	7	2	9	6	1	5	3

Puzzle # 83

5	4	7	2	1	6	3	8	9
8	1	3	5	7	9	4	2	6
6	9	2	3	8	4	1	5	7
9	6	5	8	4	2	7	1	3
1	2	4	7	6	3	8	9	5
3	7	8	1	9	5	2	6	4
4	5	1	6	3	8	9	7	2
7	3	6	9	2	1	5	4	8
2	8	9	4	5	7	6	3	1

Puzzle # 84

5	9	8	4	7	6	3	1	2
2	7	6	3	1	8	4	9	5
4	1	3	2	5	9	7	6	8
6	3	5	1	8	7	2	4	9
9	4	2	6	3	5	8	7	1
7	8	1	9	2	4	6	5	3
1	5	4	8	6	3	9	2	7
3	2	9	7	4	1	5	8	6
8	6	7	5	9	2	1	3	4

Puzzle # 85

7	8	4	3	1	5	9	2	6
1	3	2	6	4	9	7	8	5
9	6	5	8	2	7	4	3	1
3	4	8	7	6	2	1	5	9
5	7	9	1	3	4	2	6	8
6	2	1	9	5	8	3	7	4
4	1	3	5	7	6	8	9	2
8	5	7	2	9	1	6	4	3
2	9	6	4	8	3	5	1	7

Puzzle # 86

1	9	4	3	5	6	8	7	2
5	8	3	2	4	7	9	1	6
2	7	6	9	1	8	4	3	5
4	1	2	8	7	5	6	9	3
7	3	5	6	2	9	1	4	8
9	6	8	1	3	4	5	2	7
3	4	7	5	8	1	2	6	9
8	2	9	4	6	3	7	5	1
6	5	1	7	9	2	3	8	4

Puzzle # 87

6	8	5	4	3	1	2	7	9
3	2	7	6	9	8	1	4	5
9	1	4	5	2	7	3	6	8
4	7	3	8	1	6	9	5	2
2	6	1	9	7	5	4	8	3
8	5	9	2	4	3	7	1	6
1	3	6	7	8	9	5	2	4
7	4	8	3	5	2	6	9	1
5	9	2	1	6	4	8	3	7

Puzzle # 88

1	8	2	9	5	3	4	7	6
5	6	3	4	7	8	2	1	9
9	7	4	6	2	1	5	3	8
8	4	5	2	3	6	7	9	1
3	2	7	1	9	4	8	6	5
6	9	1	7	8	5	3	4	2
7	3	6	8	1	2	9	5	4
4	5	8	3	6	9	1	2	7
2	1	9	5	4	7	6	8	3

Puzzle # 89

8	4	1	5	2	9	6	3	7
6	7	5	1	3	4	8	9	2
2	9	3	8	7	6	1	5	4
3	5	8	9	6	7	4	2	1
1	2	7	4	5	3	9	6	8
4	6	9	2	8	1	5	7	3
9	1	2	3	4	5	7	8	6
5	8	6	7	1	2	3	4	9
7	3	4	6	9	8	2	1	5

Puzzle # 90

4	6	3	1	7	8	9	5	2
1	2	8	6	5	9	3	4	7
7	9	5	3	4	2	8	6	1
5	4	2	8	9	7	1	3	6
9	7	6	4	1	3	2	8	5
3	8	1	5	2	6	4	7	9
6	3	7	9	8	1	5	2	4
8	5	9	2	6	4	7	1	3
2	1	4	7	3	5	6	9	8

Puzzle # 91

6	7	9	1	5	3	4	8	2
2	4	1	6	9	8	3	5	7
3	5	8	7	4	2	1	6	9
7	1	2	3	8	5	6	9	4
4	6	5	9	1	7	2	3	8
9	8	3	2	6	4	5	7	1
5	3	7	4	2	9	8	1	6
1	9	4	8	3	6	7	2	5
8	2	6	5	7	1	9	4	3

Puzzle # 92

7	1	5	3	6	2	4	8	9
6	8	4	5	7	9	1	2	3
3	9	2	4	8	1	7	6	5
8	3	1	7	9	4	2	5	6
5	2	6	1	3	8	9	4	7
9	4	7	6	2	5	8	3	1
4	7	8	9	5	6	3	1	2
1	6	3	2	4	7	5	9	8
2	5	9	8	1	3	6	7	4

Puzzle # 93

5	2	6	7	3	8	1	4	9
1	3	8	9	4	5	2	6	7
9	4	7	6	2	1	8	3	5
8	9	4	3	1	7	5	2	6
3	6	2	5	8	9	4	7	1
7	5	1	2	6	4	9	8	3
2	7	9	8	5	3	6	1	4
6	1	3	4	9	2	7	5	8
4	8	5	1	7	6	3	9	2

Puzzle # 94

1	2	3	4	9	6	7	8	5
6	5	7	1	3	8	2	9	4
9	4	8	2	7	5	6	3	1
7	6	1	8	4	2	3	5	9
2	3	4	7	5	9	8	1	6
8	9	5	3	6	1	4	7	2
5	7	6	9	2	3	1	4	8
4	1	2	5	8	7	9	6	3
3	8	9	6	1	4	5	2	7

Puzzle # 95

8	6	4	1	9	3	5	7	2
5	2	7	6	8	4	9	1	3
1	3	9	5	2	7	8	4	6
9	7	8	2	3	1	6	5	4
6	1	2	9	4	5	7	3	8
3	4	5	7	6	8	1	2	9
2	5	6	3	7	9	4	8	1
4	9	1	8	5	2	3	6	7
7	8	3	4	1	6	2	9	5

Puzzle # 96

7	1	5	4	6	2	3	8	9
9	3	4	5	1	8	6	7	2
6	8	2	7	3	9	4	1	5
2	5	7	8	9	3	1	4	6
8	4	1	6	2	7	9	5	3
3	6	9	1	5	4	8	2	7
4	7	3	9	8	5	2	6	1
5	9	6	2	4	1	7	3	8
1	2	8	3	7	6	5	9	4

Puzzle # 97

8	4	6	7	1	3	5	2	9
7	5	1	6	9	2	3	4	8
3	9	2	5	8	4	7	1	6
5	1	3	9	6	8	2	7	4
6	2	8	4	7	1	9	5	3
4	7	9	2	3	5	6	8	1
9	6	5	1	4	7	8	3	2
2	3	4	8	5	9	1	6	7
1	8	7	3	2	6	4	9	5

Puzzle # 98

8	1	9	5	4	2	7	6	3
6	7	2	3	1	8	4	9	5
5	3	4	9	6	7	8	2	1
1	8	5	2	7	9	6	3	4
2	4	3	8	5	6	9	1	7
9	6	7	1	3	4	2	5	8
3	9	8	4	2	1	5	7	6
4	5	6	7	9	3	1	8	2
7	2	1	6	8	5	3	4	9

Puzzle # 99

8	6	4	3	7	2	1	9	5
7	2	9	5	1	6	4	8	3
3	1	5	4	9	8	2	6	7
5	7	8	1	4	9	3	2	6
2	4	1	6	3	7	8	5	9
6	9	3	8	2	5	7	4	1
1	3	2	9	6	4	5	7	8
9	8	7	2	5	3	6	1	4
4	5	6	7	8	1	9	3	2

Puzzle # 100

3	4	9	5	6	7	1	2	8
7	1	5	8	4	2	3	9	6
2	6	8	9	1	3	4	7	5
5	2	6	1	3	9	7	8	4
8	9	4	7	2	5	6	1	3
1	3	7	6	8	4	9	5	2
4	7	3	2	9	8	5	6	1
6	5	2	3	7	1	8	4	9
9	8	1	4	5	6	2	3	7

Answers: Hard

Puzzle # 1

8	7	6	9	5	4	1	3	2
9	2	5	3	7	1	6	8	4
4	3	1	6	2	8	7	5	9
6	4	8	5	9	3	2	7	1
3	9	2	4	1	7	8	6	5
1	5	7	8	6	2	4	9	3
7	6	9	1	4	5	3	2	8
2	8	4	7	3	9	5	1	6
5	1	3	2	8	6	9	4	7

Puzzle # 2

3	5	2	4	1	9	8	6	7
9	8	6	7	3	5	1	4	2
7	4	1	8	6	2	5	3	9
6	3	9	5	4	8	2	7	1
2	1	5	9	7	6	3	8	4
4	7	8	3	2	1	9	5	6
5	6	3	2	9	7	4	1	8
1	2	4	6	8	3	7	9	5
8	9	7	1	5	4	6	2	3

Puzzle # 3

7	3	4	8	2	9	5	6	1
6	8	5	3	4	1	7	2	9
1	9	2	6	5	7	4	8	3
3	6	9	4	1	8	2	5	7
5	1	8	7	6	2	9	3	4
4	2	7	9	3	5	8	1	6
2	7	6	1	8	4	3	9	5
8	4	1	5	9	3	6	7	2
9	5	3	2	7	6	1	4	8

Puzzle # 4

7	1	6	5	8	9	2	3	4
8	3	5	1	4	2	9	6	7
4	2	9	3	7	6	8	1	5
3	7	1	6	5	8	4	9	2
9	4	8	2	3	7	6	5	1
6	5	2	4	9	1	7	8	3
2	6	4	9	1	3	5	7	8
5	8	3	7	6	4	1	2	9
1	9	7	8	2	5	3	4	6

Puzzle # 5

3	9	4	7	2	6	5	1	8
6	8	7	9	1	5	3	4	2
1	5	2	3	8	4	9	6	7
9	7	3	6	5	8	4	2	1
8	4	5	2	3	1	7	9	6
2	6	1	4	7	9	8	3	5
4	1	8	5	9	2	6	7	3
5	3	9	1	6	7	2	8	4
7	2	6	8	4	3	1	5	9

Puzzle # 6

7	2	5	9	4	3	6	1	8
8	9	3	1	2	6	7	4	5
4	6	1	5	7	8	3	9	2
3	8	9	2	1	7	4	5	6
1	7	4	8	6	5	9	2	3
2	5	6	3	9	4	1	8	7
5	1	7	6	8	9	2	3	4
6	3	2	4	5	1	8	7	9
9	4	8	7	3	2	5	6	1

Puzzle # 7

1	3	2	4	7	6	9	5	8
5	7	8	1	3	9	2	4	6
6	4	9	2	8	5	3	7	1
8	5	6	7	9	4	1	3	2
2	1	4	5	6	3	8	9	7
3	9	7	8	1	2	4	6	5
7	6	1	9	4	8	5	2	3
9	2	3	6	5	1	7	8	4
4	8	5	3	2	7	6	1	9

Puzzle # 8

1	3	4	5	7	2	9	6	8
8	6	5	4	3	9	1	2	7
2	9	7	6	8	1	5	3	4
6	1	2	9	5	4	7	8	3
7	5	9	3	6	8	2	4	1
3	4	8	1	2	7	6	5	9
9	7	6	2	4	3	8	1	5
5	8	3	7	1	6	4	9	2
4	2	1	8	9	5	3	7	6

Puzzle # 9

6	8	7	1	9	5	4	3	2
2	4	9	3	6	8	5	1	7
1	5	3	7	4	2	6	9	8
5	9	2	8	7	4	3	6	1
7	6	1	9	5	3	8	2	4
8	3	4	2	1	6	7	5	9
4	2	5	6	8	1	9	7	3
3	7	6	4	2	9	1	8	5
9	1	8	5	3	7	2	4	6

Puzzle # 10

1	7	6	4	3	8	2	5	9
9	2	5	7	6	1	4	3	8
4	8	3	5	2	9	7	1	6
3	6	4	1	7	5	8	9	2
8	5	7	3	9	2	1	6	4
2	1	9	6	8	4	5	7	3
5	3	8	2	1	6	9	4	7
7	4	2	9	5	3	6	8	1
6	9	1	8	4	7	3	2	5

Puzzle # 11

1	7	6	2	3	9	8	5	4
3	5	4	1	8	6	2	7	9
2	8	9	5	4	7	3	6	1
6	4	3	7	5	8	9	1	2
5	9	1	3	6	2	4	8	7
7	2	8	9	1	4	6	3	5
9	6	5	4	7	3	1	2	8
4	3	7	8	2	1	5	9	6
8	1	2	6	9	5	7	4	3

Puzzle # 12

6	2	5	1	8	3	4	7	9
9	3	4	6	2	7	5	1	8
7	1	8	9	4	5	2	6	3
5	8	3	2	7	9	6	4	1
4	9	7	8	1	6	3	5	2
2	6	1	3	5	4	9	8	7
8	4	2	5	9	1	7	3	6
3	5	9	7	6	8	1	2	4
1	7	6	4	3	2	8	9	5

Puzzle # 13

2	3	8	4	1	6	7	9	5
4	6	7	8	9	5	2	1	3
9	5	1	3	2	7	4	6	8
8	7	3	2	4	1	9	5	6
1	2	9	5	6	8	3	7	4
5	4	6	9	7	3	1	8	2
3	8	4	7	5	9	6	2	1
6	9	5	1	3	2	8	4	7
7	1	2	6	8	4	5	3	9

Puzzle # 14

6	2	4	7	8	5	3	1	9
1	3	9	6	2	4	5	7	8
5	8	7	3	1	9	2	4	6
9	5	1	4	3	2	6	8	7
4	7	3	8	5	6	9	2	1
2	6	8	9	7	1	4	5	3
7	4	6	5	9	8	1	3	2
8	1	5	2	6	3	7	9	4
3	9	2	1	4	7	8	6	5

Puzzle # 15

7	2	9	4	3	8	6	1	5
6	4	8	9	1	5	3	7	2
5	3	1	7	2	6	8	4	9
1	5	2	8	6	3	7	9	4
8	9	3	1	7	4	5	2	6
4	7	6	2	5	9	1	8	3
3	1	7	6	9	2	4	5	8
9	6	4	5	8	7	2	3	1
2	8	5	3	4	1	9	6	7

Puzzle # 16

3	4	2	1	5	8	7	6	9
8	7	1	9	6	3	4	5	2
5	6	9	7	2	4	3	8	1
4	3	8	5	1	2	9	7	6
2	1	7	6	8	9	5	4	3
6	9	5	4	3	7	1	2	8
1	2	6	3	7	5	8	9	4
7	8	4	2	9	1	6	3	5
9	5	3	8	4	6	2	1	7

Puzzle # 17

1	6	7	9	4	2	8	5	3
5	8	4	7	1	3	9	6	2
9	3	2	8	6	5	1	7	4
3	4	8	2	5	9	6	1	7
2	1	6	4	8	7	3	9	5
7	5	9	6	3	1	2	4	8
4	9	5	3	2	6	7	8	1
8	7	3	1	9	4	5	2	6
6	2	1	5	7	8	4	3	9

Puzzle # 18

3	7	1	5	2	9	4	8	6
2	5	8	6	4	1	7	3	9
6	9	4	7	3	8	2	1	5
9	6	5	2	1	7	3	4	8
7	4	3	8	9	6	5	2	1
8	1	2	4	5	3	9	6	7
5	2	6	9	8	4	1	7	3
1	8	9	3	7	2	6	5	4
4	3	7	1	6	5	8	9	2

Puzzle # 19

8	3	6	1	4	5	7	2	9
9	4	2	7	6	3	1	8	5
7	1	5	9	2	8	4	6	3
5	6	3	8	1	9	2	4	7
1	8	7	4	3	2	9	5	6
2	9	4	6	5	7	3	1	8
4	2	8	3	9	6	5	7	1
3	7	1	5	8	4	6	9	2
6	5	9	2	7	1	8	3	4

Puzzle # 20

6	2	4	3	9	1	5	8	7
1	3	7	6	8	5	9	2	4
9	8	5	4	2	7	3	1	6
3	4	9	8	5	2	7	6	1
8	5	2	1	7	6	4	9	3
7	1	6	9	3	4	2	5	8
4	6	3	2	1	9	8	7	5
5	9	8	7	6	3	1	4	2
2	7	1	5	4	8	6	3	9

Puzzle # 21

4	9	2	1	8	5	7	6	3
5	3	8	6	2	7	1	9	4
6	7	1	9	4	3	8	5	2
8	1	4	3	7	6	9	2	5
7	6	9	5	1	2	4	3	8
2	5	3	8	9	4	6	1	7
9	4	6	2	3	8	5	7	1
1	2	7	4	5	9	3	8	6
3	8	5	7	6	1	2	4	9

Puzzle # 22

9	3	2	8	1	7	4	6	5
1	6	4	2	3	5	7	8	9
8	7	5	9	4	6	1	2	3
5	2	9	6	7	3	8	4	1
3	4	1	5	2	8	6	9	7
7	8	6	1	9	4	5	3	2
4	1	8	3	5	2	9	7	6
6	5	3	7	8	9	2	1	4
2	9	7	4	6	1	3	5	8

Puzzle # 23

3	2	7	6	8	1	5	4	9
6	5	1	4	3	9	7	8	2
8	9	4	5	7	2	1	3	6
4	6	9	7	5	8	2	1	3
5	8	2	1	9	3	6	7	4
1	7	3	2	6	4	8	9	5
2	3	6	8	4	7	9	5	1
7	4	5	9	1	6	3	2	8
9	1	8	3	2	5	4	6	7

Puzzle # 24

1	2	6	3	8	9	4	5	7
4	9	3	1	7	5	2	8	6
8	7	5	2	6	4	3	1	9
2	8	7	5	3	6	1	9	4
3	5	1	4	9	7	8	6	2
6	4	9	8	2	1	7	3	5
9	1	8	7	5	2	6	4	3
5	3	2	6	4	8	9	7	1
7	6	4	9	1	3	5	2	8

Puzzle # 25

6	5	8	3	4	9	1	2	7
2	9	1	6	7	8	5	4	3
4	3	7	2	5	1	6	9	8
7	1	2	5	9	3	8	6	4
3	6	4	8	2	7	9	1	5
9	8	5	1	6	4	3	7	2
8	4	3	9	1	2	7	5	6
1	2	6	7	8	5	4	3	9
5	7	9	4	3	6	2	8	1

Puzzle # 26

1	4	9	2	7	3	6	5	8
6	8	5	9	4	1	2	7	3
7	3	2	5	8	6	1	9	4
2	5	8	1	6	9	3	4	7
3	7	1	8	2	4	9	6	5
9	6	4	7	3	5	8	1	2
8	9	7	4	1	2	5	3	6
4	1	3	6	5	8	7	2	9
5	2	6	3	9	7	4	8	1

Puzzle # 27

9	2	3	6	1	8	4	7	5
8	6	7	2	4	5	9	3	1
5	1	4	9	7	3	2	6	8
7	5	6	1	2	9	3	8	4
4	8	1	5	3	7	6	9	2
2	3	9	8	6	4	5	1	7
1	4	8	3	9	2	7	5	6
6	9	2	7	5	1	8	4	3
3	7	5	4	8	6	1	2	9

Puzzle # 28

5	1	2	7	3	4	8	9	6
3	8	6	5	2	9	4	7	1
9	7	4	1	6	8	3	5	2
2	9	7	3	4	5	1	6	8
4	3	1	9	8	6	5	2	7
8	6	5	2	7	1	9	3	4
1	4	3	6	9	2	7	8	5
7	2	8	4	5	3	6	1	9
6	5	9	8	1	7	2	4	3

Puzzle # 29

9	4	7	2	5	1	3	6	8
3	5	6	9	8	4	2	7	1
1	2	8	7	6	3	5	4	9
6	3	9	4	2	5	1	8	7
8	1	2	3	9	7	6	5	4
5	7	4	6	1	8	9	2	3
4	9	5	1	7	6	8	3	2
7	8	1	5	3	2	4	9	6
2	6	3	8	4	9	7	1	5

Puzzle # 30

6	2	4	1	5	7	8	3	9
3	1	7	9	2	8	5	6	4
9	5	8	3	6	4	1	2	7
4	9	2	7	8	6	3	5	1
5	3	6	4	9	1	7	8	2
8	7	1	2	3	5	9	4	6
7	6	3	5	4	9	2	1	8
1	8	5	6	7	2	4	9	3
2	4	9	8	1	3	6	7	5

Puzzle # 31

5	1	4	3	2	6	7	8	9
6	2	7	4	8	9	1	5	3
8	9	3	5	1	7	6	2	4
7	3	6	2	9	5	4	1	8
1	4	5	8	7	3	2	9	6
9	8	2	6	4	1	5	3	7
4	6	1	9	3	2	8	7	5
3	7	8	1	5	4	9	6	2
2	5	9	7	6	8	3	4	1

Puzzle # 32

1	4	3	7	2	5	8	6	9
7	6	9	1	3	8	5	4	2
5	2	8	6	9	4	7	3	1
2	5	1	3	6	7	9	8	4
3	9	6	8	4	2	1	7	5
8	7	4	5	1	9	6	2	3
9	3	7	2	8	1	4	5	6
4	8	2	9	5	6	3	1	7
6	1	5	4	7	3	2	9	8

Puzzle # 33

4	7	2	9	5	6	8	1	3
1	5	3	8	4	2	7	6	9
8	6	9	7	1	3	4	5	2
2	9	7	6	3	8	5	4	1
3	1	6	5	2	4	9	8	7
5	8	4	1	7	9	2	3	6
6	4	5	2	9	1	3	7	8
7	2	8	3	6	5	1	9	4
9	3	1	4	8	7	6	2	5

Puzzle # 34

8	6	7	2	4	9	3	1	5
5	2	9	8	3	1	6	4	7
4	1	3	6	5	7	8	9	2
3	7	5	1	8	2	9	6	4
6	4	1	9	7	5	2	3	8
2	9	8	3	6	4	7	5	1
9	5	6	7	1	8	4	2	3
1	8	2	4	9	3	5	7	6
7	3	4	5	2	6	1	8	9

Puzzle # 35

9	1	6	4	3	2	5	8	7
7	2	4	6	5	8	1	9	3
3	5	8	7	1	9	2	6	4
1	6	5	3	8	4	9	7	2
4	7	3	9	2	1	6	5	8
2	8	9	5	7	6	3	4	1
6	3	2	8	9	7	4	1	5
5	9	7	1	4	3	8	2	6
8	4	1	2	6	5	7	3	9

Puzzle # 36

3	7	8	6	4	1	2	5	9
1	9	2	3	7	5	8	4	6
4	5	6	8	9	2	7	3	1
7	8	9	2	1	4	3	6	5
6	2	4	7	5	3	9	1	8
5	3	1	9	6	8	4	2	7
2	1	7	5	3	9	6	8	4
8	6	5	4	2	7	1	9	3
9	4	3	1	8	6	5	7	2

Puzzle # 37

6	5	8	2	9	4	3	7	1
3	2	7	8	5	1	6	4	9
1	4	9	6	7	3	5	8	2
9	8	6	1	2	7	4	3	5
2	3	5	4	8	6	1	9	7
4	7	1	5	3	9	2	6	8
7	9	4	3	1	5	8	2	6
8	1	3	9	6	2	7	5	4
5	6	2	7	4	8	9	1	3

Puzzle # 38

6	8	3	1	7	5	9	2	4
9	4	1	2	8	6	5	3	7
2	7	5	3	9	4	8	6	1
1	9	8	6	2	7	4	5	3
3	5	2	4	1	9	6	7	8
4	6	7	8	5	3	2	1	9
5	1	9	7	4	2	3	8	6
7	2	6	9	3	8	1	4	5
8	3	4	5	6	1	7	9	2

Puzzle # 39

3	9	2	4	8	6	7	5	1
7	1	4	2	5	9	6	3	8
6	8	5	7	3	1	2	9	4
4	3	1	8	9	2	5	6	7
8	7	6	5	1	3	4	2	9
5	2	9	6	4	7	1	8	3
2	4	7	3	6	8	9	1	5
9	6	8	1	7	5	3	4	2
1	5	3	9	2	4	8	7	6

Puzzle # 40

5	6	7	3	4	1	2	9	8
3	4	9	8	6	2	7	5	1
8	2	1	7	9	5	3	6	4
4	3	8	5	7	6	1	2	9
1	7	5	2	8	9	4	3	6
6	9	2	4	1	3	8	7	5
9	8	4	6	2	7	5	1	3
2	1	3	9	5	8	6	4	7
7	5	6	1	3	4	9	8	2

Puzzle # 41

1	7	9	3	6	8	2	5	4
6	5	8	2	4	1	7	3	9
2	4	3	9	5	7	6	8	1
4	3	5	7	2	9	1	6	8
9	8	6	1	3	5	4	7	2
7	1	2	6	8	4	3	9	5
5	9	7	4	1	3	8	2	6
3	2	1	8	9	6	5	4	7
8	6	4	5	7	2	9	1	3

Puzzle # 42

4	1	9	2	6	7	8	5	3
7	3	8	1	9	5	6	4	2
6	2	5	3	4	8	1	7	9
8	5	1	4	3	2	9	6	7
3	9	4	6	7	1	5	2	8
2	7	6	8	5	9	4	3	1
9	4	7	5	1	3	2	8	6
1	6	2	7	8	4	3	9	5
5	8	3	9	2	6	7	1	4

Puzzle # 43

3	7	4	6	8	1	9	5	2
5	8	1	9	2	3	7	4	6
9	2	6	7	5	4	3	1	8
2	4	7	5	1	9	8	6	3
8	5	3	2	6	7	4	9	1
1	6	9	4	3	8	2	7	5
6	9	2	8	7	5	1	3	4
7	1	5	3	4	2	6	8	9
4	3	8	1	9	6	5	2	7

Puzzle # 44

4	8	9	2	6	7	3	5	1
5	2	7	8	1	3	4	6	9
6	3	1	4	5	9	8	2	7
9	4	8	3	2	6	7	1	5
2	1	3	5	7	4	6	9	8
7	5	6	9	8	1	2	4	3
8	6	4	1	3	5	9	7	2
1	9	2	7	4	8	5	3	6
3	7	5	6	9	2	1	8	4

Puzzle # 45

7	1	8	9	5	4	3	2	6
2	9	5	8	6	3	7	1	4
4	3	6	2	7	1	8	5	9
6	5	4	7	3	2	1	9	8
3	8	7	5	1	9	6	4	2
1	2	9	6	4	8	5	7	3
5	6	2	3	9	7	4	8	1
8	4	3	1	2	5	9	6	7
9	7	1	4	8	6	2	3	5

Puzzle # 46

7	1	6	9	5	4	3	8	2
2	3	5	1	7	8	6	9	4
9	8	4	6	2	3	5	7	1
3	7	9	8	1	5	2	4	6
4	2	8	3	9	6	1	5	7
5	6	1	2	4	7	9	3	8
6	5	3	7	8	2	4	1	9
8	9	2	4	3	1	7	6	5
1	4	7	5	6	9	8	2	3

Puzzle # 47

4	9	2	1	7	5	3	6	8
1	6	7	9	3	8	5	2	4
8	5	3	4	6	2	1	7	9
5	1	8	2	9	6	4	3	7
2	4	6	3	1	7	8	9	5
7	3	9	8	5	4	6	1	2
3	7	4	5	2	1	9	8	6
6	8	1	7	4	9	2	5	3
9	2	5	6	8	3	7	4	1

Puzzle # 48

9	4	2	1	8	6	3	7	5
6	7	8	3	5	2	9	1	4
5	1	3	4	9	7	8	2	6
7	8	9	6	1	3	4	5	2
2	6	1	9	4	5	7	8	3
4	3	5	2	7	8	1	6	9
8	2	4	5	3	1	6	9	7
1	9	6	7	2	4	5	3	8
3	5	7	8	6	9	2	4	1

Puzzle # 49

5	3	4	2	1	7	8	9	6
9	8	1	4	3	6	2	7	5
6	2	7	8	9	5	4	3	1
1	5	2	9	7	8	6	4	3
4	9	8	3	6	2	1	5	7
7	6	3	5	4	1	9	8	2
3	7	9	6	2	4	5	1	8
2	1	5	7	8	9	3	6	4
8	4	6	1	5	3	7	2	9

Puzzle # 50

7	5	3	1	4	9	6	2	8
8	9	1	2	6	3	5	7	4
4	2	6	5	7	8	1	9	3
9	6	4	7	8	5	2	3	1
2	8	7	3	9	1	4	6	5
3	1	5	6	2	4	7	8	9
1	7	8	9	5	2	3	4	6
6	3	9	4	1	7	8	5	2
5	4	2	8	3	6	9	1	7

Puzzle # 51

2	9	6	7	8	1	4	5	3
8	1	5	4	2	3	9	6	7
3	7	4	5	6	9	8	1	2
7	3	1	6	4	8	5	2	9
4	6	8	2	9	5	3	7	1
5	2	9	3	1	7	6	8	4
6	8	3	9	7	2	1	4	5
1	5	7	8	3	4	2	9	6
9	4	2	1	5	6	7	3	8

Puzzle # 52

6	8	9	4	1	3	5	7	2
1	5	4	2	8	7	3	6	9
7	2	3	6	5	9	1	8	4
4	6	8	5	9	1	2	3	7
3	1	5	7	4	2	6	9	8
9	7	2	3	6	8	4	5	1
2	9	7	1	3	5	8	4	6
8	3	6	9	2	4	7	1	5
5	4	1	8	7	6	9	2	3

Puzzle # 53

2	8	7	4	6	9	5	1	3
6	3	1	2	8	5	7	4	9
4	9	5	1	3	7	8	2	6
1	6	4	5	7	2	3	9	8
9	2	3	8	4	6	1	7	5
7	5	8	3	9	1	4	6	2
8	4	2	6	1	3	9	5	7
3	7	6	9	5	4	2	8	1
5	1	9	7	2	8	6	3	4

Puzzle # 54

1	7	3	9	5	8	4	2	6
2	5	8	4	7	6	3	1	9
4	9	6	3	2	1	8	5	7
8	4	2	5	6	3	9	7	1
3	1	5	2	9	7	6	4	8
9	6	7	8	1	4	2	3	5
5	8	4	1	3	9	7	6	2
7	3	1	6	8	2	5	9	4
6	2	9	7	4	5	1	8	3

Puzzle # 55

9	7	2	6	5	8	1	3	4
1	8	4	7	3	2	5	6	9
5	3	6	1	9	4	2	7	8
2	9	8	3	6	5	7	4	1
4	6	1	2	8	7	9	5	3
7	5	3	9	4	1	6	8	2
8	1	7	5	2	3	4	9	6
6	4	5	8	1	9	3	2	7
3	2	9	4	7	6	8	1	5

Puzzle # 56

4	8	1	3	9	5	2	7	6
3	7	2	4	6	8	1	5	9
9	5	6	7	2	1	3	4	8
2	6	5	8	1	3	7	9	4
1	3	7	5	4	9	6	8	2
8	4	9	2	7	6	5	3	1
7	1	3	6	8	4	9	2	5
6	2	8	9	5	7	4	1	3
5	9	4	1	3	2	8	6	7

Puzzle # 57

5	1	3	6	9	2	4	8	7
2	8	7	5	1	4	3	9	6
6	9	4	3	7	8	2	5	1
9	4	5	1	2	6	8	7	3
8	3	1	7	4	9	6	2	5
7	6	2	8	5	3	1	4	9
1	5	8	2	3	7	9	6	4
3	2	9	4	6	5	7	1	8
4	7	6	9	8	1	5	3	2

Puzzle # 58

5	6	9	3	2	1	4	8	7
3	4	2	8	6	7	9	1	5
8	7	1	4	9	5	2	6	3
2	1	5	6	8	4	7	3	9
7	8	4	1	3	9	6	5	2
9	3	6	5	7	2	8	4	1
6	5	7	2	1	8	3	9	4
4	2	8	9	5	3	1	7	6
1	9	3	7	4	6	5	2	8

Puzzle # 59

1	6	3	7	8	4	5	9	2
7	9	8	2	6	5	4	1	3
2	4	5	9	1	3	7	6	8
5	8	2	3	4	6	1	7	9
9	3	7	1	5	2	6	8	4
6	1	4	8	9	7	3	2	5
4	5	9	6	7	8	2	3	1
3	7	1	4	2	9	8	5	6
8	2	6	5	3	1	9	4	7

Puzzle # 60

6	5	2	8	4	3	7	1	9
7	3	1	5	2	9	4	8	6
4	8	9	6	1	7	3	5	2
9	6	5	2	8	4	1	7	3
8	4	7	3	9	1	2	6	5
1	2	3	7	5	6	8	9	4
3	1	4	9	7	5	6	2	
2	9	6	1	3	8	5	4	
5	7	8	4	6	2	9	3	

Puzzle # 61

7	3	5	6	8	4	2	1	9
6	9	1	3	2	5	8	7	4
2	8	4	7	9	1	6	3	5
8	5	3	4	7	2	9	6	1
9	1	7	5	6	8	4	2	3
4	2	6	9	1	3	7	5	8
1	4	2	8	3	7	5	9	6
5	7	9	1	4	6	3	8	2
3	6	8	2	5	9	1	4	7

Puzzle # 62

8	7	3	9	5	4	1	2	6
5	9	1	8	2	6	4	3	7
2	6	4	1	3	7	9	5	8
7	1	2	5	6	9	3	8	4
3	4	9	7	8	2	5	6	1
6	5	8	3	4	1	7	9	2
9	2	5	4	7	8	6	1	3
1	8	7	6	9	3	2	4	5
4	3	6	2	1	5	8	7	9

Puzzle # 63

9	6	8	7	2	1	5	4	3
7	2	3	9	5	4	8	1	6
1	5	4	3	8	6	7	2	9
8	4	1	6	9	2	3	7	5
5	3	2	8	1	7	9	6	4
6	9	7	5	4	3	1	8	2
4	1	5	2	3	8	6	9	7
2	7	9	1	6	5	4	3	8
3	8	6	4	7	9	2	5	1

Puzzle # 64

3	8	4	7	5	1	9	2	6
5	7	1	9	2	6	3	4	8
6	2	9	4	3	8	1	7	5
8	6	2	1	4	7	5	3	9
7	9	3	5	6	2	8	1	4
4	1	5	3	8	9	2	6	7
9	3	8	6	1	4	7	5	2
2	5	6	8	7	3	4	9	1
1	4	7	2	9	5	6	8	3

Puzzle # 65

7	1	6	8	5	4	9	2	3
3	8	5	2	6	9	7	1	4
9	2	4	7	3	1	6	8	5
8	5	2	6	9	3	1	4	7
1	7	9	4	8	5	2	3	6
6	4	3	1	2	7	8	5	9
4	3	8	9	1	6	5	7	2
2	9	7	5	4	8	3	6	1
5	6	1	3	7	2	4	9	8

Puzzle # 66

8	4	9	5	1	3	2	7	6
3	2	1	6	7	9	4	8	5
7	5	6	4	8	2	1	3	9
6	7	4	8	3	5	9	1	2
2	9	3	1	6	4	7	5	8
1	8	5	2	9	7	6	4	3
9	3	2	7	4	8	5	6	1
5	1	7	3	2	6	8	9	4
4	6	8	9	5	1	3	2	7

Puzzle # 67

4	3	8	7	2	9	5	1	6
5	6	2	8	3	1	4	9	7
7	9	1	6	4	5	2	8	3
3	2	4	9	5	7	8	6	1
8	1	7	3	6	2	9	5	4
9	5	6	1	8	4	7	3	2
6	4	5	2	1	8	3	7	9
2	7	3	5	9	6	1	4	8
1	8	9	4	7	3	6	2	5

Puzzle # 68

5	9	7	8	3	6	4	2	1
4	1	8	9	7	2	6	3	5
3	6	2	5	1	4	9	8	7
1	3	9	7	8	5	2	4	6
7	8	4	6	2	3	5	1	9
2	5	6	1	4	9	8	7	3
8	2	5	3	6	7	1	9	4
6	7	1	4	9	8	3	5	2
9	4	3	2	5	1	7	6	8

Puzzle # 69

4	1	2	5	3	9	7	6	8
3	9	7	6	8	4	2	1	5
8	6	5	2	1	7	9	3	4
7	8	9	3	6	5	1	4	2
5	2	6	4	7	1	3	8	9
1	4	3	8	9	2	5	7	6
2	5	8	1	4	3	6	9	7
6	7	1	9	2	8	4	5	3
9	3	4	7	5	6	8	2	1

Puzzle # 70

2	8	6	9	3	5	7	1	4
1	9	5	7	4	8	6	2	3
7	3	4	2	1	6	9	5	8
3	5	7	4	9	1	2	8	6
6	2	9	3	8	7	5	4	1
8	4	1	6	5	2	3	9	7
4	7	8	5	2	3	1	6	9
9	6	2	1	7	4	8	3	5
5	1	3	8	6	9	4	7	2

Puzzle # 71

6	1	8	4	3	9	7	5	2
9	7	5	6	2	1	8	4	3
3	4	2	8	7	5	1	6	9
1	2	9	5	8	7	6	3	4
5	6	7	1	4	3	2	9	8
4	8	3	9	6	2	5	1	7
7	3	6	2	5	4	9	8	1
2	5	1	3	9	8	4	7	6
8	9	4	7	1	6	3	2	5

Puzzle # 72

7	6	2	4	3	1	5	8	9
5	4	9	2	8	7	6	1	3
8	1	3	9	5	6	4	7	2
1	7	5	8	9	3	2	4	6
2	9	6	7	4	5	8	3	1
4	3	8	1	6	2	7	9	5
6	8	4	5	1	9	3	2	7
9	5	7	3	2	8	1	6	4
3	2	1	6	7	4	9	5	8

Puzzle # 73

7	8	4	1	3	2	6	9	5
6	1	2	5	9	7	3	4	8
3	5	9	6	8	4	2	7	1
5	4	7	2	1	6	8	3	9
2	3	1	8	5	9	7	6	4
8	9	6	7	4	3	5	1	2
9	2	8	3	6	1	4	5	7
4	7	3	9	2	5	1	8	6
1	6	5	4	7	8	9	2	3

Puzzle # 74

3	9	1	4	7	5	6	8	2
6	7	5	8	1	2	3	4	9
2	8	4	6	9	3	5	7	1
4	1	6	3	2	8	9	5	7
8	3	9	7	5	1	4	2	6
7	5	2	9	4	6	8	1	3
9	6	7	2	8	4	1	3	5
5	4	3	1	6	7	2	9	8
1	2	8	5	3	9	7	6	4

Puzzle # 75

3	7	2	6	1	9	8	5	4
9	6	5	3	4	8	2	7	1
4	1	8	7	5	2	6	9	3
8	2	3	4	7	1	5	6	9
1	5	4	8	9	6	3	2	7
7	9	6	5	2	3	4	1	8
6	8	1	9	3	5	7	4	2
2	3	7	1	6	4	9	8	5
5	4	9	2	8	7	1	3	6

Puzzle # 76

7	2	6	4	3	8	5	9	1
5	9	3	7	2	1	6	8	4
1	4	8	6	5	9	7	2	3
2	8	4	3	9	6	1	5	7
9	6	5	1	8	7	3	4	2
3	1	7	2	4	5	9	6	8
6	7	9	8	1	4	2	3	5
4	3	1	5	6	2	8	7	9
8	5	2	9	7	3	4	1	6

Puzzle # 77

8	9	2	7	5	3	6	4	1
1	3	7	2	6	4	8	9	5
5	6	4	8	9	1	7	2	3
7	5	3	6	1	2	9	8	4
4	8	6	9	3	7	5	1	2
9	2	1	5	4	8	3	7	6
2	4	5	3	7	9	1	6	8
3	1	9	4	8	6	2	5	7
6	7	8	1	2	5	4	3	9

Puzzle # 78

1	6	5	4	7	8	3	2	9
3	8	7	5	2	9	1	6	4
9	4	2	3	1	6	7	8	5
8	5	1	7	3	4	2	9	6
2	7	4	9	6	1	5	3	8
6	9	3	8	5	2	4	7	1
5	3	9	6	4	7	8	1	2
7	2	8	1	9	5	6	4	3
4	1	6	2	8	3	9	5	7

Puzzle # 79

7	9	2	3	6	5	8	4	1
6	3	1	8	4	7	9	2	5
5	8	4	2	9	1	7	3	6
1	6	5	9	2	4	3	7	8
3	4	7	1	8	6	2	5	9
8	2	9	7	5	3	6	1	4
2	5	3	6	1	9	4	8	7
9	1	8	4	7	2	5	6	3
4	7	6	5	3	8	1	9	2

Puzzle # 80

3	4	1	5	2	9	8	6	7
8	7	6	4	1	3	2	5	9
5	2	9	6	7	8	3	1	4
7	9	4	2	8	1	6	3	5
1	6	3	7	9	5	4	8	2
2	5	8	3	4	6	9	7	1
6	8	7	9	5	2	1	4	3
4	3	2	1	6	7	5	9	8
9	1	5	8	3	4	7	2	6

Puzzle # 81

1	9	5	6	2	4	8	3	7
8	4	7	5	1	3	9	2	6
2	3	6	7	8	9	4	1	5
6	8	4	1	7	2	5	9	3
7	2	9	3	5	8	1	6	4
3	5	1	4	9	6	2	7	8
9	7	3	8	4	1	6	5	2
4	6	2	9	3	5	7	8	1
5	1	8	2	6	7	3	4	9

Puzzle # 82

2	5	3	6	7	4	1	8	9
1	6	4	9	3	8	5	2	7
8	7	9	2	1	5	6	4	3
7	3	1	5	8	9	2	6	4
9	2	5	4	6	1	7	3	8
6	4	8	3	2	7	9	5	1
4	1	6	7	5	3	8	9	2
3	8	2	1	9	6	4	7	5
5	9	7	8	4	2	3	1	6

Puzzle # 83

5	3	2	8	9	4	1	6	7
8	4	6	7	5	1	9	2	3
7	9	1	3	6	2	5	4	8
1	2	4	9	7	5	8	3	6
6	7	8	1	4	3	2	5	9
3	5	9	6	2	8	7	1	4
4	1	3	2	8	7	6	9	5
2	6	7	5	3	9	4	8	1
9	8	5	4	1	6	3	7	2

Puzzle # 84

5	9	6	2	7	1	8	4	3
7	3	8	9	6	4	2	1	5
4	2	1	5	8	3	6	9	7
6	4	2	3	9	8	7	5	1
8	5	3	1	4	7	9	2	6
1	7	9	6	2	5	4	3	8
3	6	4	7	1	2	5	8	9
2	1	7	8	5	9	3	6	4
9	8	5	4	3	6	1	7	2

Puzzle # 85

7	5	4	3	1	8	9	6	2
1	9	8	2	6	5	4	7	3
6	3	2	9	4	7	8	1	5
5	6	9	8	7	3	2	4	1
2	7	1	6	9	4	5	3	8
8	4	3	5	2	1	7	9	6
4	1	5	7	8	6	3	2	9
9	8	7	1	3	2	6	5	4
3	2	6	4	5	9	1	8	7

Puzzle # 86

8	3	5	2	7	1	6	4	9
2	9	7	4	6	8	5	1	3
6	4	1	5	9	3	2	8	7
4	5	8	3	1	2	7	9	6
9	7	3	8	4	6	1	2	5
1	6	2	7	5	9	8	3	4
3	1	9	6	2	5	4	7	8
5	8	4	1	3	7	9	6	2
7	2	6	9	8	4	3	5	1

Puzzle # 87

2	1	5	7	9	8	4	3	6
4	6	8	1	5	3	2	7	9
7	9	3	2	4	6	8	5	1
6	4	1	8	7	9	5	2	3
8	3	9	5	1	2	7	6	4
5	2	7	6	3	4	1	9	8
1	8	2	9	6	7	3	4	5
3	7	6	4	8	5	9	1	2
9	5	4	3	2	1	6	8	7

Puzzle # 88

3	8	6	2	1	5	7	9	4
9	7	5	8	3	4	1	6	2
1	4	2	6	7	9	8	3	5
4	1	8	3	9	7	2	5	6
5	9	7	4	6	2	3	8	1
2	6	3	1	5	8	9	4	7
6	3	9	5	2	1	4	7	8
8	5	1	7	4	3	6	2	9
7	2	4	9	8	6	5	1	3

Puzzle # 89

3	5	8	4	6	9	1	2	7
2	6	7	1	5	3	9	4	8
4	1	9	7	2	8	6	3	5
6	8	1	9	3	2	5	7	4
9	7	4	8	1	5	2	6	3
5	3	2	6	7	4	8	1	9
1	9	3	5	4	6	7	8	2
8	4	6	2	9	7	3	5	1
7	2	5	3	8	1	4	9	6

Puzzle # 90

7	5	6	4	2	9	1	3	8
9	8	3	6	1	7	2	4	5
1	2	4	5	3	8	6	9	7
8	4	9	3	6	5	7	1	2
5	3	7	2	8	1	4	6	9
6	1	2	7	9	4	5	8	3
2	6	5	8	4	3	9	7	1
3	7	1	9	5	6	8	2	4
4	9	8	1	7	2	3	5	6

Puzzle # 91

8	3	7	6	9	1	5	4	2
2	9	6	5	8	4	1	7	3
1	4	5	3	2	7	8	6	9
3	6	8	2	4	9	7	5	1
7	5	4	1	3	8	9	2	6
9	1	2	7	6	5	3	8	4
5	2	1	9	7	6	4	3	8
4	7	3	8	1	2	6	9	5
6	8	9	4	5	3	2	1	7

Puzzle # 92

8	6	9	1	5	7	3	2	4
7	1	5	3	4	2	6	8	9
2	4	3	9	8	6	5	1	7
6	3	7	5	1	8	4	9	2
1	8	4	6	2	9	7	5	3
9	5	2	7	3	4	8	6	1
3	7	8	2	6	1	9	4	5
4	9	1	8	7	5	2	3	6
5	2	6	4	9	3	1	7	8

Puzzle # 93

6	7	1	8	3	4	5	9	2
8	3	2	9	6	5	4	7	1
4	9	5	1	2	7	8	3	6
3	1	6	2	7	8	9	5	4
2	5	4	3	9	6	7	1	8
7	8	9	4	5	1	2	6	3
9	6	3	5	8	2	1	4	7
5	4	8	7	1	3	6	2	9
1	2	7	6	4	9	3	8	5

Puzzle # 94

1	5	6	7	2	4	9	3	8
7	8	3	9	1	5	6	2	4
9	4	2	3	6	8	1	5	7
5	7	1	2	8	3	4	6	9
2	6	4	5	9	1	7	8	3
3	9	8	4	7	6	5	1	2
6	3	7	1	4	2	8	9	5
4	1	5	8	3	9	2	7	6
8	2	9	6	5	7	3	4	1

Puzzle # 95

1	7	4	5	3	6	2	9	8
3	5	6	2	8	9	7	1	4
2	8	9	7	1	4	6	3	5
7	4	5	6	9	1	8	2	3
9	2	3	4	5	8	1	6	7
6	1	8	3	2	7	4	5	9
4	3	7	1	6	5	9	8	2
5	9	1	8	4	2	3	7	6
8	6	2	9	7	3	5	4	1

Puzzle # 96

9	8	3	4	1	5	2	7	6
6	4	1	2	7	3	9	5	8
7	2	5	9	8	6	4	3	1
5	1	2	3	6	4	8	9	7
8	7	9	1	5	2	6	4	3
4	3	6	8	9	7	1	2	5
3	5	8	6	2	9	7	1	4
1	9	4	7	3	8	5	6	2
2	6	7	5	4	1	3	8	9

Puzzle # 97

9	3	8	2	1	7	4	6	5
1	5	6	4	9	8	3	2	7
7	4	2	6	5	3	9	1	8
4	2	1	7	6	5	8	9	3
6	9	7	8	3	4	2	5	1
5	8	3	1	2	9	7	4	6
3	6	5	9	7	2	1	8	4
2	1	4	3	8	6	5	7	9
8	7	9	5	4	1	6	3	2

Puzzle # 98

8	2	7	6	9	4	3	1	5
4	9	3	7	1	5	2	6	8
5	1	6	3	2	8	4	9	7
1	3	8	2	6	7	5	4	9
9	7	5	4	8	3	1	2	6
6	4	2	9	5	1	8	7	3
7	5	4	1	3	9	6	8	2
3	6	9	8	4	2	7	5	1
2	8	1	5	7	6	9	3	4

Puzzle # 99

5	2	8	9	4	7	6	1	3
7	6	1	3	8	2	4	5	9
9	3	4	1	5	6	8	7	2
6	4	3	2	1	5	7	9	8
2	1	7	6	9	8	5	3	4
8	5	9	4	7	3	1	2	6
4	8	5	7	3	9	2	6	1
1	9	2	5	6	4	3	8	7
3	7	6	8	2	1	9	4	5

Puzzle # 100

8	2	6	4	5	9	3	1	7
3	5	7	8	6	1	9	4	2
9	4	1	3	7	2	6	5	8
2	1	5	6	3	4	8	7	9
7	6	3	5	9	8	4	2	1
4	9	8	2	1	7	5	6	3
5	8	4	7	2	3	1	9	6
6	7	9	1	8	5	2	3	4
1	3	2	9	4	6	7	8	5

Made in the USA
Columbia, SC
02 September 2020